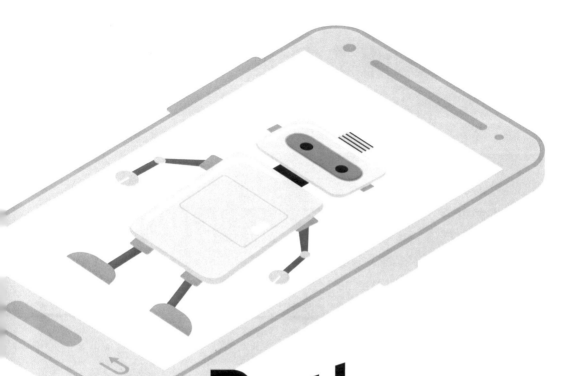

Python 與

Creating LINE Bot with Python

LINE Bot
機器人全面實戰
特訓班
Flask最強應用

ABOUT eHappy STUDIO

關於文淵閣工作室

常常聽到很多讀者跟我們說：我就是看您們的書學會用電腦的。是的！這就是我們寫書的出發點和原動力，想讓每個讀者都能看我們的書跟上軟體的腳步，讓軟體不只是軟體，而是提升個人效率的工具。

文淵閣工作室是一個致力於資訊圖書創作三十餘載的工作團隊，擅長用循序漸進、圖文並茂的寫法，介紹難懂的 IT 技術，並以範例帶領讀者學習程式開發的大小事。我們不賣弄深奧的專有名辭，奮力堅持吸收新知的態度，誠懇地與讀者分享在學習路上的點點滴滴，讓軟體成為每個人改善生活應用、提升工作效率的工具。舉凡應用軟體、網頁互動、雲端運算、程式語法、App 開發，都是我們專注的重點，衷心期待能盡我們的心力，幫助每一位讀者燃燒心中的小宇宙，用學習的成果在自己的領域裡發光發熱！我們期待自己能在每一本創作中注入快快樂樂的心情來分享，也期待讀者能在這樣的氛圍下快快樂樂的學習。

文淵閣工作室讀者服務資訊

如果您在閱讀本書時有任何的問題，或是有心得想與我們一起討論、共享，歡迎光臨文淵閣工作室網站，或者使用電子郵件與我們聯絡。

文淵閣工作室網站 **http://www.e-happy.com.tw**

服務電子信箱 **e-happy@e-happy.com.tw**

Facebook 粉絲團 **http://www.facebook.com/ehappytw**

總 監 製	鄧文淵	責任編輯	鄭挺穗
監 督	李淑玲	執行編輯	鄭挺穗・邱文諒・黃信溢
行銷企劃	David・Cynthia	企劃編輯	黃信溢

前言

你知道嗎？LINE 在全台灣有 2100 萬個活躍用戶，平均每天使用 LINE 的時間超過一個小時。在商務應用上，LINE 的表現更是耀眼，截至 2020 年 6 月底官方帳號數量累積達 159 萬，年成長 18% ！LINE 的使用者橫跨所有領域，深入每個年齡層，樹立了不可撼動的地位。

LINE Bot 是近年來非常受到重視與愛用的服務，除了被動的客服詢答，還能主動推播行銷與活動的資訊，為社群、團體或企業打造品牌的形象，營造使用者的認同感與忠誠度。

本書使用目前最夯的 Python 程式語言與 flask 的應用程式框架，做為所有內容的技術主軸，先從認識 LINE Bot 的運作原理開始，帶領讀者由 LINE 2.0 帳號的申請、認識開發工具，再進入 Messaging API、基本應用樣板訊息、快速回覆按鈕，到進階選單建立與切換、以彈性配置設計靈活的訊息樣式，最後再利用五個不同面向與重點的專題，一步步讓讀者用 Python 學會 LINE Bot 的 AI 智慧機器人開發。其中有許多不能錯過的重點：

1. Flask：架設 Python Web API 的最佳選擇，一次打通 LINE Bot 的任督二脈。

2. PostgreSQL：免費開源、功能強大的資料庫，更是 HeroKu 部署時的不二選擇。

3. LIFF：LINE Bot 新版功能，無論嵌入外部網站，或是結合相關表單不再霧煞煞。

4. LUIS.ai：為你的語音機器人加上一副智慧的大腦，不僅能夠快速理解顧答詢問內容，並能提供相關回應，不再雞同鴨講亂回答。

5. QnAMaker: 利用機器學習訓練模型，快速建置問答資料庫。

6. HeroKu：免費高效的應用程式雲端平台，讓你的 LINE Bot 沒有後顧之憂。

我們希望觀念和實作並進，不跳過每個細節，仔細面對每個學習重點，除了能循序漸進地了解 LINE Bot 開發原理與開發工具的使用，還能經由專題的實戰帶你領略 LINE Bot 的強大應用。不要再憑空摸索，沒有系統的吸收資訊，跟著我們一起由實作中學習吧！

文淵閣工作室

學習資源說明

本書範例檔案下載

1. **本書範例**：將各章範例的完成檔依章節名稱放置各資料夾中。

2. **教學影片**：在應用程式開發過程中的許多學習重點，有時經由教學影片的導引，會勝過閱讀大量的說明文字。作者特別針對書本中較為繁瑣、但是在操作上十分重要的地方，錄製成教學影片。讀者可以依照影片裡的操作，搭配書本中的說明進行學習，相信會有加乘的效果。

   有提供教學影片的章節，在目錄會有一個 😷 影片圖示，讀者可以對照使用。

相關檔案可以在碁峰資訊網站免費下載，網址為：

http://books.gotop.com.tw/download/ACL061500

檔案為 ZIP 格式，讀者自行解壓縮即可運用。檔案內容是提供給讀者自我練習以及學校補教機構於教學時練習之用，版權分屬於文淵閣工作室與提供原始程式檔案的各公司所有，請勿複製做其他用途。

專屬網站資源

為了加強讀者服務，並持續更新書上相關的資訊內容，我們特地提供了本系列叢書的相關網站資源，您可以由文章列表中取得書本中的勘誤、更新或相關資訊消息，更歡迎您加入我們的粉絲團，讓所有資訊一次到位不漏接。

◎ 藏經閣專欄　**http://blog.e-happy.com.tw/?tag= 程式特訓班**

◎ 程式特訓班粉絲團　**https://www.facebook.com/eHappyTT**

目錄

Chapter

03

管理 PostgreSQL 資料庫

Chapter

06

LINE Bot 進階互動功能 😬

Chapter

07

彈性配置及 LIFF

Chapter 08

專題：智能問答客服系統

Chapter 09

專題：天氣匯率萬事通

01

CHAPTER

建置 Python 開發環境

1.1 建置 Anaconda 開發環境

Python 可在多種平台開發執行，本書以 Windows 系統做為開發平台。

Python 系統內建 IDLE 編輯器可撰寫及執行 Python 程式，但其功能過於陽春，本書以 Anaconda 模組做為開發環境，不但包含超過 300 種常用的科學及資料分析模組，還內建 Spyder (IDLE 編輯器加強版) 編輯器及 Jupyter Notebook 編輯器。

1.1.1 安裝 Anaconda

Aaconda 的特色

Anaconda 擁有下列特點，使其成為初學者最適當的 Python 開發環境：

- 內建眾多流行的科學、工程、數據分析的 Python 模組。
- 完全免費及開源。
- 支援 Linux、Windows 及 Mac 平台。
- 支援 Python 2.x 及 3.x，且可自由切換。
- 內建 Spyder 編譯器。
- 包含 jupyter notebook 環境。

Anaconda 的安裝步驟

1. 在瀏覽器開啟 Anaconda 官網「https://www.anaconda.com/distribution/」下載頁面。

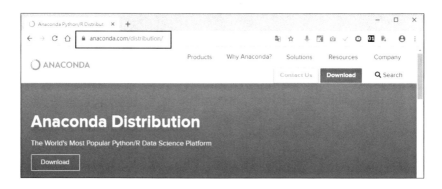

2. 捲到網頁下方，點選 Windows 系統圖示。下載檔案分為 Python 3.x、Python2.x 及 64 位元、32 位元四種版本，使用者可依據需求點選適當版本。

3. 在下載的 <Anaconda3-2019.10-Windows-x86_64.exe> 按滑鼠左鍵兩下開始安裝，於開始頁面按 **Next** 鈕，再於版權頁面按 **I Agree** 鈕。

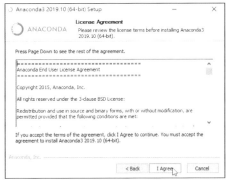

4. 核選 **All Users** 後按 **Next** 鈕，再按 **Next** 鈕，核選 **Add Anaconda to the system PATH enviroment variable** 加入環境變數，按 **Install** 鈕安裝。

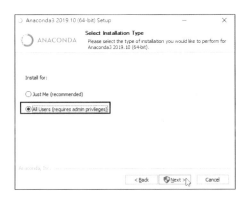
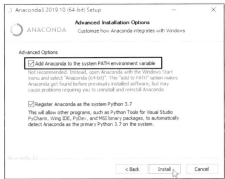

5. 安裝需一段時間才能完成。安裝完成後按兩次 **Next** 鈕,最後按 **Finish** 鈕結束安裝。執行 **開始 / 所有程式**,即可在 **Anaconda3** 中見到 6 個項目,較常使用的功能是 **Anaconda Prompt**、**Jupyter Notebook** 及 **Spyder**。

1.1.2 Anaconda Prompt 管理模組

Python 最為程式設計師稱道的就是擁有數量龐大的模組,大部分功能都有現成的模組可以使用,不必程式設計師花費時間精力自行開發。你可以使用 Anaconda Prompt 進行模組管理。

啟動 Anaconda Prompt

Anaconda Prompt 命令視窗類似 Windows 系統「命令提示字元」視窗,輸入命令後按 **Enter** 鍵就會執行。

Anaconda Prompt 的預設執行路徑為 <C:\Users\ 電腦名稱 >,只要執行 **開始 / 所有程式 / Anaconda3 (64-bit) / Anaconda Prompt** 即可開啟。

▲ Anaconda Prompt

▲ 命令提示字元

安裝指令

安裝模組的指令可使用 pip 或是 conda，多數的模組可使用上述兩種命令的任何一種進行安裝。但某些模組會指定 pip 或 conda 才能安裝，建議安裝時可以多多嘗試。

功能	pip 指令	conda 指令
查詢模組列表	`pip list`	`conda list`
更新模組	`pip install -U 模組名稱`	`conda update 模組名稱`
安裝模組	`pip install 模組名稱`	`conda install 模組名稱`
移除模組	`pip uninstall 模組名稱`	`conda remove 模組名稱`

1. **查詢模組列表**：顯示 Anaconda 已安裝模組的命令為：

```
pip list
```

命令視窗會按照字母順序顯示已安裝模組的名稱及版本：

2. **查詢模組更新列表**：如果要查詢模組是否有更新，可以使用以下命令：

```
pip list --outdated
```

命令視窗會顯示可以更新的模組的名稱、安裝版本及目前最新的版本：

如此一來即可視需求進行模組的更新動作。

3. **查詢模組詳細資料**：如果要查詢模組的詳細資料，以 **numpy** 為例，可以使用以下命令：

`pip` **`show`** `numpy`

除了會顯示模組版本、簡介、官方網站、作者及聯絡資訊、本機安裝路徑與相關的模組。

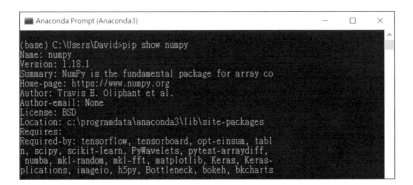

4. **安裝模組**：若模組未安裝則可進行安裝，例如安裝 **numpy** 模組：

`pip` **`install`** `numpy`

預設會安裝最新的版本。

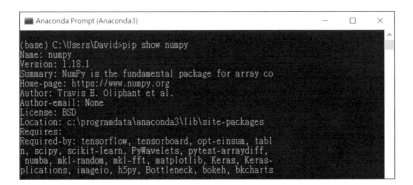

安裝模組時可以指定安裝版本，以 **numpy** 為例：

`pip install numpy==1.17.0`

注意，**模組名稱後的「==」及版本號碼之間，不能有空白。**

5. **更新模組**：為確保模組是最新版本，可進行更新，以 numpy 為例：

```
pip install -U numpy
```

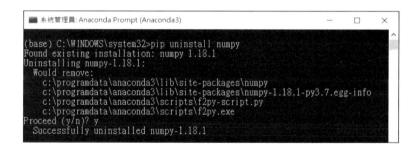

6. **移除模組**：若確定模組不再使用，可以移除提升效率。以 numpy 為例：

```
pip uninstall numpy
```

更新及移除模組命令需有系統管理員權限

在 Windows 10 系統執行更新及移除模組命令需有系統管理員權限，必須以系統管理員身分開啟 Anaconda Prompt 命令視窗，

開啟方法為：在 **開始 / Anaconda3 (64-bit) / Anaconda Prompt** 按滑鼠右鍵，於快顯功能表點選 **更多 / 以系統管理員身分執行**。

1.2 Spyder 編輯器

Anaconda 內建 Spyder 做為開發 Python 程式的編輯器。在 Spyder 中可以撰寫及執行 Python 程式，Spyder 還提供簡易智慧輸入及基本程式除錯功能。另外，Spyder 也內建了 IPython 命令視窗。

▌1.2.1 啟動 Spyder 編輯器及調整畫面

執行 **開始 / 所有程式 / Anaconda3 (64-bit) / Spyder** 即可開啟 Spyder 編輯器，在 Spyder 4 之後的版面，預設以流程的 Dark 配色模式來顯示。

調整編輯區配色模式

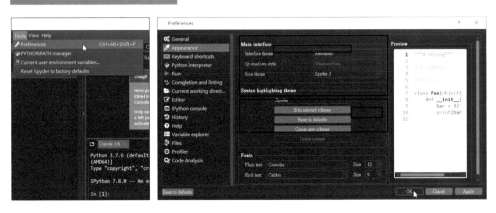

如果不習慣要調整，可以由 **Tools / Preferences** 開啟視窗，再選取 **Appearance** 項目。在 **Syntax highlighting theme** 中設定配置方式為 **Spyder**，在右方即可預覽設定結果。為了讓程式編輯及結果顯示的字型不要太小，建議在 **Fonts** 中放大設定 **Plain text** 的 **Size** 值，即可讓 Spyder 中的字型放大。最後按下 **OK** 鈕完成設定，編輯器重啟之後即會以設定的方式呈現。

用快速鍵調整畫面文字大小

在程式編輯區中，可以按著 **Ctrl** 鍵不放，利用滑鼠滾輪向上或向下來放大縮小編輯區的文字大小。而在程式編輯區及命令視窗區，都可以利用 **Ctrl** 鍵加上「+」或是「-」鍵逐步放大或縮小，對於程式開發十分有幫助。

▌ 1.2.2 檔案管理

執行 **開始 / 所有程式 / Anaconda3 (64-bit) / Spyder** 即可開啟 Spyder 編輯器，編輯器左方為 **程式編輯區**，可在此區撰寫程式；右上方為 **說明、變數瀏覽、繪圖、檔案管理區**，可以使用下方的標籤來切換；右下方為 **命令視窗區**，包含 **IPython console** 命令視窗及 **History** 視窗，可在此區域用交談模式立即執行使用者輸入的 Python 程式碼。

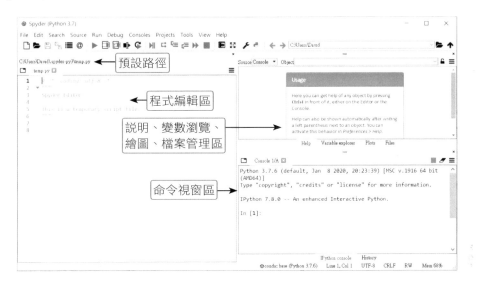

新增、開啟、儲存檔案

啟動 Spyder 後，預設編輯的檔案為 <c:\users\ 電腦名稱 \.spyder-py3\temp.py>。若要建立新的 Python 程式檔，可執行 **File / New file** 或點選工具列 🗋 鈕，撰寫程式完成後可執行 **File / Save file** 或點選工具列 💾 鈕存檔。

要開啟已存在的 Python 程式檔，可執行 **File / Open** 或點選工具列 📂 鈕，於 **Open file** 對話方塊點選檔案即可開啟。

檔案總管視窗

其實 Spyder 提供了檔案管理視窗，可以有系統的管理檔案。請選取右上方視窗的 File explorer 標籤切換到檔案總管視窗，其中會顯示目前工作目錄中的檔案。

如果要切換到其他資料夾，請在工作目錄列貼上路徑，或點選工具列 📂 鈕選取資料夾，即可在視窗中看到檔案。要開啟時只要點選程式檔即可開啟在編輯區，新增檔案儲存時也能自動儲存在這個資料夾中。

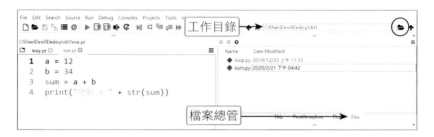

執行程式

執行 **Run / Run** 或點選工具列 ▶ 鈕，或是按下 **F5** 鍵就會執行程式，執行結果會在命令視窗區顯示，例如下圖為 <loop.py> 的執行結果。

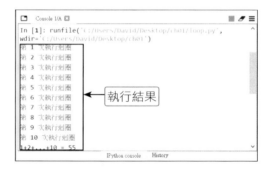

1.2.3 Spyder 簡易智慧輸入

Spyder 簡易智慧輸入功能可以幫助開發者快速完成程式內容。在 Spyder 程式編輯區輸入部分文字後按 **Tab** 鍵，系統會列出所有可用的項目供選取，除了內建的命令外，還包括自行定義的變數、函式、物件等。例如在 <loop.py> 輸入「s」後按 **Tab** 鍵：

使用者可按「↑」鍵或「↓」鍵移動選取項目，找到正確項目按 **Enter** 鍵就完成輸入。例如輸入「show」：

1.2.4 程式除錯

如何為程式除錯，一直是程式設計師困擾的問題，如果沒有良好的除錯工具及技巧，面對較複雜的程式，將會束手無策。

於 Spyder 輸入 Python 程式碼時，系統會隨時檢查語法是否正確，若有錯誤會在該列程式左方標示 ⚠ 圖示；將滑鼠移到 ⚠ 圖示片刻，會提示錯誤原因訊息。

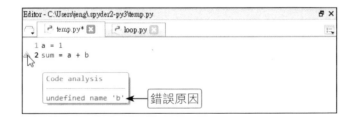

即使程式碼語法都正確，執行時仍可能發生一些無法預期的錯誤。Spyder 的除錯工具相當強大，足以應付大部分除錯狀況。

首先為程式設定中斷點：設定的方式為點選要設定中斷點的程式列，按 **F12** 鍵；或在要設定中斷點的程式列左方快速按滑鼠左鍵兩下，程式列左方會顯示紅點，表示該列為中斷點。程式中可設定多個中斷點。

以除錯模式執行程式：點選工具列 ▶‖ 鈕會以除錯模式執行程式，程式執行到中斷點時會停止 (中斷點程式列尚未執行)。於 Spyder 編輯器右上方區域點選 Variable explorer 頁籤，會顯示所有變數值讓使用者檢視。

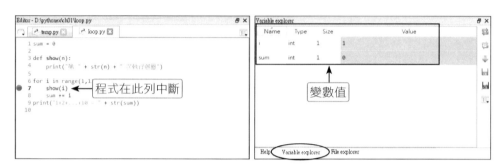

除錯工具列：Spyder 除錯工具列有各種執行的方式，如單步執行、執行到下一個中斷點等，程式設計師可視需求執行，配合觀察變數值達成除錯任務。

- ▶‖：以除錯方式執行程式。
- ᴄ᠄：單步執行，不進入函式。
- ⊏≣：單步執行，會進入函式。
- ⊏⊒：程式繼續執行，直到由函式返回或下一個中斷點才停止執行。
- ▶▶：程式繼續執行，直到下一個中斷點才停止執行。
- ■：終止除錯模式回到正常模式。

1.3　Jupyter Notebook 編輯器

Jupyter Notebook 是一個 IPython 的 Web 擴充模組，讓使用者能在瀏覽器中進行程式的開發與執行，甚至撰寫說明文件。

▌1.3.1　啟動 Jupyter Notebook 及建立檔案

執行 **開始 / 所有程式 / Anaconda3 (64-bit) / Jupyter Notebook** 即可在瀏覽器中開啟 Jupyter Notebook 編輯器。由網址列「localhost:8888/」可知是系統在本機建立一個網頁伺服器，預設的路徑為 <c:\Users\ 帳號名稱 >，下方會列出預設路徑中所有資料夾及檔案，新建的檔案也會儲存於此路徑中。

建立 Jupyter Notebook 檔案：點選 **New** 鈕，在下拉式選單中點選 **Python3** 項目就可建立 Python 程式檔 (點選 **Text File** 項目建立文字檔，**Folder** 項目建立資料夾)。

Jupyter Notebook 是以 Cell 做為輸入及執行的單位，使用者在 Cell 中撰寫及執行程式，一個檔案可包含多個 Cell；建立新檔案時，預設產生一個空 Cell 讓程式設計師輸入程式碼。

點選檔案名稱後於對話方塊輸入新檔案名稱，按 **Rename** 鈕完成修改。

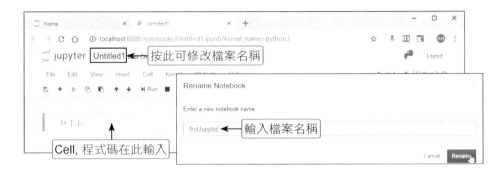

1.3.2 Jupyter Notebook 簡易智慧輸入

Jupyter Notebook 簡易智慧輸入功能與 Spyder 編輯器雷同，使用者在 Cell 中輸入部分指令文字後按 **Tab** 鍵，系統會列出所有可用的項目讓使用者選取，使用者可按「↑」鍵或「↓」鍵移動選取項目，找到正確項目按 **Enter** 鍵就完成輸入。

1.3.3 Jupyter Notebook 執行程式

完成 Cell 中的程式後，可以按工具列 ▶ Run 鈕或 **Shift + Enter** 鍵執行程式，結果會呈現在 Cell 下方並且新增一個 Cell。按 **Ctrl + Enter** 鍵執行完程式後一樣會呈現結果，但游標會停留在原有 Cell，不會新增 Cell。

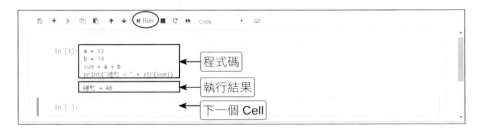

Jupyter Notebook 的檔案附加檔名為「.ipynb」，如果要在啟動 Jupyter Notebook 時繼續編輯已存在的檔案，在啟動頁面點選檔案名稱即可 (附加檔名為「.ipynb」)：

1.3.4 Jupyter Notebook 常用編輯快速鍵

Jupyter Notebook 在開發頁面中分成二個模式：

- **編輯模式**：用來開發程式的模式。可以用滑鼠選取 Cell 看到游標進入，或是在 Cell 上按下 **Enter** 鍵進入 Cell，在左方邊框呈現綠色，此時為「編輯模式」。使用者可以開始進行程式開發。

- **命令模式**：用來管理 Cell 的模式。當完成開發執行程式，或是按 Esc 鍵，在左方邊框呈現藍色，此時為「命令模式」。使用者可以上下移動編輯目標、新增 Cell、刪除 Cell 等動作。

快速鍵	說明
Ctrl + Shift + Enter	執行目前 Cell 的程式並新增一個 Cell。
Ctrl + Enter	執行目前 Cell。
Enter	進入 Cell 啟動編輯模式，可以編輯程式。
Esc	退出 Cell 啟動命令模式。
A	在命令模式時，在目前 Cell 上方新增一個 Cell。
B	在命令模式時，在目前 Cell 下方新增一個 Cell。
↑ ↓	在命令模式時，上下鍵可以移動編輯目標。
D, D	在命令模式時，連按「D」鍵二次可以移除目前 Cell。

1.3.5 使用 markdown 語法做筆記

Jupyter Notebook 最為人津津樂道的功能，就是可以利用 markdown 的方式在 Cell 中做筆記，讓閱讀或是使用文件的人，在執行程式的同時能藉由筆記的內容更了解程式運作的細節。

將 Cell 轉為 markdown 狀態

markdown 是一種輕量化的標記式語言，它可以藉由純文字符號讓文字轉化為 HTML 的格式文字，讓使用者更容易閱讀。在 Jupyter Notebook 中 Cell 預設的狀態為「Code」，是供使用者輸入程式碼來執行，所以在 Cell 前都會顯示「in[ ]」表示等待程式的輸入。當想要在 Cell 中寫筆記，首先必須將狀態切換為「Markdown」，方式如下：

輸入 markdown 段落格式

在 Cell 中直接按 **Enter** 鍵，即可進入編輯模式，以下是常用的 markdown 段落格式：

1. **標題**：使用「#」符號加上標題文字即可成為標題，等級由「#」標題一、「##」標題二，一直到「######」標題六。要注意「#」與標題文字之間要有一個空白。

2. **段落**：一般的文字段落並不需要加上其他符號，如果要分段要用一個空行來區隔。

3. **編號**：使用數字加上「.」再空一格，即可為段落加上編號。

4. **清單**：使用「*」符號再空一格，即可為段落加上清單。

5. **引言區塊**：使用「>」符號再一空格，即可將其後的段落設定為引文內容。

6. **程式碼**：使用 **Tab** 鍵縮排後，即可開始輸入程式碼內容，分行直接按 Enter 鍵，會自動縮排對齊。

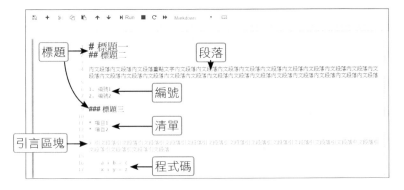

完成輸入後，按下 **Ctrl + Enter** 鍵執行這個 Cell，即可看到原來的文字都加上 HTML 的格式了。

Markdown 參考資料

Markdown 的功能其實很強大，除了文字段落的樣式之外，還能加上圖片、超連結、水平線，甚至還能加上複雜的數學算式，建議可以到「http://markdown.tw」，其中有完整的說明文件與範例可以參考。

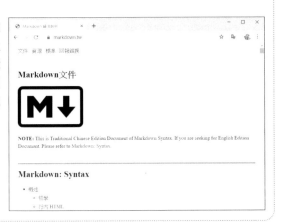

▌1.3.6 匯出其他格式檔案

Jupyter Notebook 原始檔的副檔名為「.ipynb」，編輯完成後可以匯出檔案提供給其他人使用。匯出檔案的步驟如下：

1. **匯出檔案**：由 **File / Download as / Notebook(.ipynb)** 即可匯出原始檔。

2. **載入檔案**：由 Open 開啟對話方塊，選取原始檔即可完成載入。

除了 Jupyter Notebook 的原始檔之外，經常匯出的檔案有：

1. HTML：副檔名為 .html，是 HTML 的文件檔。

2. Python：副檔名為 .py，原文件中的 Markdown 格式文字會轉為註釋，可以直接用 Python 直譯器執行。

其他格式的檔案可以視狀況進行匯出使用。

02

CHAPTER

Flask 網站應用程式開發

2.1 LINE Bot 運作流程

在開發應用程式前,我們先來了解 LINE Bot 的運作原理。LINE 一般傳遞訊息的方式是使用者透過 APP 連接 LINE 的伺服器,將訊息傳遞給另一個使用者。而 LINE Bot 就是開發者申請在 LINE 的平台上透過 Messaging Api,將訊息包裝成事件傳遞給指定伺服器上的溝通程式,處理後再將結果包裝成一組訊息透過 LINE 回應給使用者。

LINE Bot 的運作流程為:

但在這個流程中就有幾個很關鍵的角色:

■ **使用者**:使用者利用 Line App 傳遞訊息給 LINE Bot,也以 Line App 接收由 LINE Bot 傳回的訊息。

■ **LINE Bot**:使用者可在 LINE 開發者網站建立 LINE Bot,然後在 LINE Bot 設定處理資料的伺服器網址,當 LINE Bot 接到訊息時即可傳送到這個伺服器。

■ **伺服器**:放置溝通程式的伺服器,當接收到傳送來的訊息時即能進行處理再將結果回傳。

LINE Bot 開發者會在這個架構中面對幾個問題,也就是本書最重要的環節:

■ **LINE Bot 的申請與設定**:如何申請 LINE 開發者帳號,如何建立 LINE Bot,如何設定 LINE Bot 的傳送網址、畫面配置與樣板使用。

■ **伺服器的架設與程式的開發**:對於 LINE Bot 所傳遞過來的訊息,開發者必須在有執行程式能力,甚至具備資料庫的伺服器上放置溝通程式。本書將以 Python 做為開發的程式語言,並利用 Flask 框架來建構伺服器。除了說明如何在本機電腦架設伺服器,並經由 ngrok 的服務把本機的伺服器放置到網際網路上進行服務,還會介紹如何申請 Heroku 雲端應用程式平台,在上面部署專屬的溝通程式。

2.2 基本 Flask 網站應用程式

提到網站相關的程式語言，最常被提及的就是 PHP、ASP 等伺服器語言。Python 可以架設網站嗎？相信這是 Python 學習者非常關心的課題。

Python 最為人稱道的特性就是可藉由安裝各種模組不斷擴充其功能，當然也不乏網站架構的模組：如 Django、Flask、Pyramid、Bottle 等，而 Flask 是輕量型網站框架，檔案結構簡單但功能相當完整。

▌2.2.1 Flask 的特點

Flask 網站框架將自己定位在微小專題上，是一個針對簡單需求和小型應用的微型架構。Flask 吸收了其他架構的優點，因此廣受使用者喜愛，具有下列特點：

- **免費網站框架**：使用 Flask 開發網站不需支付任何費用。

- **內建伺服器和偵錯器**：Flask 本身就建置了伺服器，使用 Flask 開發網站時，不必將網頁程式上傳到外部網頁伺服器（如 Apache 等）測試，只要啟動內建伺服器即可觀看網頁。

- **功能強大的偵錯器**：有經驗的開發者都明白偵錯工具的重要性，好的偵錯工具將使開發效率大幅提升。Flask 伺服器具備偵錯工具，且預設處於偵錯狀態，若執行時發生錯誤，會自動將錯誤資訊傳送給用戶端。

- **使用 Unicode 編碼**：編碼格式是網頁開發者的頭疼問題，若處理不好網頁會呈現亂碼。現在網頁幾乎都是 Unicode 編碼，Flask 預設會自動加入一個 UTF-8 編碼格式的 HTTP Head，使開發者無需擔心編碼的問題。

- **使用 Jinja2 模板 (Template)**：Jinja2 模板是由 Django 模板發展而來，效能比 Django 模板更好。Flask 採用 Jinja2 模板做為網頁模板呈現模式，可以製作出更豐富多元的網頁。

- **可與 Python 單元測試緊密結合**：單元測試的功能是保障函式在指定的輸入狀態時，可以獲得預想的輸出，若不符合要求時，會提醒開發者進行檢查。Flask 提供了 test_client() 函式測試介面，可與 Python 附帶的單元測試架構 unitest 緊密結合，進行驗證。

2.2.2 Flask 應用程式架構

安裝 Anaconda 時預設 Flask 模組，不必再進行安裝。

Flask 程式的基本架構為：

```
from flask import Flask
app = Flask(__name__)

路由一
路由二
...

if __name__ == '__main__':
    app.run()
```

前兩列程式為匯入 Flask 模組，然後建立 Flask 物件。

最後兩列為執行本 Flask 程式。

建立路由 (route)

路由 是 Flask 程式主體，建立路由的語法為：

```
@app.route('網頁路徑')
def 函式名稱():
    處理程式
```

第一列程式設定在瀏覽器網址列的位址：「@」稱為 **裝飾器 (decorator)**，功能是將本列網頁位址與下一列函式結合在一起，即在瀏覽器網址列輸入本位址就會執行下一列定義的函式。

網頁路徑 是網站位址後面的路徑，例如網站主機位址為「http://127.0.0.1:5000」：

■ 若網頁路徑設為「/」，則表示為網站首頁，即為「http://127.0.0.1:5000」。

■ 若網頁路徑設為「/url」，則網頁位址為「http://127.0.0.1:5000/url」。

函式名稱 可以任意指定。通常會將「函式名稱」與「網頁路徑」取相同名稱，這樣就容易得知該函式對應的網頁路徑。

運行應用程式

```
1    from flask import Flask
2    app = Flask(__name__)
3
4    @app.route('/')
5    def index():
6        return '歡迎來到首頁！'
7
8    @app.route('/hello')
9    def hello():
10       return '歡迎來到歡迎頁面！'
11
12   if __name__ == '__main__':
13       app.run()
```

程式說明

- 4 　　　 設網頁路徑為「/」。
- 5-6 　　 建立函式返回首頁文字訊息。
- 8 　　　 設網頁路徑為「/hello」。
- 9-10 　 建立函式返回歡迎文字訊息。

執行結果

執行程式就會啟動內建伺服器，系統會提示伺服器位址為「http://127.0.0.1:5000/」，若要終止運行可以按下 **Ctrl + C** 鍵。

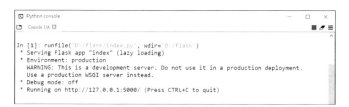

瀏覽器網址列分別輸入「http://127.0.0.1:5000」及「http://127.0.0.1:5000/hello」：

多網址對應相同函式

有時網站需要不同網址顯示相同內容，多網址對應相同函式的路由語法為：

```
@app.route(' 網頁路徑一 ')
@app.route(' 網頁路徑二 ')
...
def 函式名稱 ():
    處理程式
```

例如通常只輸入伺服器位址「http://127.0.0.1:5000/」或加上網頁路徑「index」都會顯示首頁：

```
index2.py
1    from flask import Flask
2    app = Flask(__name__)
3
4    @app.route('/')
5    @app.route('/index')
6    def index():
7        return ' 這是本網站首頁！'
8
9    if __name__ == '__main__':
10       app.run()
```

程式說明

■ 4-5　　網頁路徑為「/」及「/index」都會執行 index 函式。

執行結果

如果原來伺服器仍在執行，在視窗按 **Ctrl + C** 鍵可結束伺服器運行。瀏覽器網址列輸入「http://127.0.0.1:5000」或「http://127.0.0.1:5000/index」都會顯示首頁。

app.run() 參數

app.run() 有三個參數，其意義為：

▨ **host**：設定伺服器服務的位址，預設值為「127.0.0.1」。若設為「0.0.0.」表示無論本地位址或真實位址都能連上 Flask 伺服器。當網站開發完成時，需將此參數設為「0.0.0.」，則所有人都能瀏覽網站。

▨ **port**：設定埠號，預設值為「5000」。

▨ **debug**：設定是否顯示錯誤訊息，預設值為「true」。當網站開發完成時，需將此參數設為「false」，否則網站會有極大安全疑慮。

app.run() 範例：

```
app.run(host='0.0.0.0', port=80, debug=false)
```

▍2.2.3 建立動態路由：路由參數傳遞

大部分網頁並非靜態網頁，網頁內容可能會需要動態變化，此時就可由路由傳送參數給網頁處理。路由設定傳遞參數的語法為：

```
@app.route(' 網頁路徑 /< 資料型態一：參數一 >/< 資料型態二：參數二 >/……)
```

參數以「<」及「>」符號包圍。

Flask 提供的「資料型態」如下表：

資料型態	說明
string	可輸入任何字串，此為預設值。
int	可輸入整數。
float	可輸入浮點數。
path	可輸入包含「/」字元的路徑名稱。

參數的資料型態可以省略，預設值為「string」。

例如傳遞字串型態參數「name」到 hello 網址：

```
@app.route('/hello/<string:name>')
def hello(name):
    處理程式
```

```
hello.py
1    from flask import Flask
2    app = Flask(__name__)
3
4    @app.route('/hello/<string:name>')
5    def hello(name):
6        return '{}，歡迎來到 Flask!'.format(name)
7
8    if __name__ == '__main__':
9        app.run()
```

執行結果

如果原來伺服器仍在執行，在視窗按 **Ctrl + C** 鍵可結束伺服器運行。瀏覽器網址列輸入「http://127.0.0.1:5000/hello/David」或「http://127.0.0.1:5000/hello/Lily」，顯示頁面會因為不同的網頁參數而出現不同的結果。

需特別注意，若路由中設定參數，則網址列必須有相符的參數值，否則會產生錯誤。

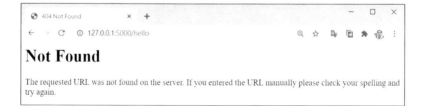

2.3　用 GET 及 POST 方式傳送資料

網頁中最常用來傳送資料的方式就是 GET 及 POST，本節說明 Flask 中如何以 GET 及 POST 來傳送資料。

▍2.3.1　用 GET 方式傳送資料

使用 GET 方式傳遞參數是基本的傳送方式。

GET 傳送參數

以 GET 傳送參數值的方法是將要傳送的參數置於網址後面，第一個參數以「?」符號連接，第二個以後的參數都以「&」符號連接，語法為：

網址 ? 參數 1= 值 1& 參數 2= 值 2& 參數 3= 值 3...

例如：傳送 name 及 tel 參數。

```
http://127.0.0.1:5000/test?name=david&tel=0987654321
```

Flask 如何接收以 GET 方式傳送的參數資料呢？首先是在路由中以 methods 設定以 GET 傳送參數，語法為：

```
@app.route('/ 網頁路徑 ', methods=['GET'])
```

其實在路由中不設定 methods 時，預設就是以用 GET 的方式接收參數。

接收 GET 參數

在 Flask 中是以 request 模組取得參數值，因此要匯入 request 模組：

```
from flask import request
```

匯入 request 模組後就可用「args.get」方法取得 GET 參數值，語法為：

```
request.args.get(' 參數名稱 ')
```

例如取得 name 參數值：

```
request.args.get('name')
```

下面範例會以 GET 方式傳送參數並顯示在網頁上。

```
get.py
1    from flask import Flask
2    from flask import request
3    app = Flask(__name__)
4
5    @app.route('/', methods=['GET'])
6    def index():
7        name = request.args.get('name')
8        return "Hello, {}".format(name)
9
10   if __name__ == '__main__':
11       app.run()
```

程式說明

- 2　　匯入 request 模組。

- 5　　以 GET 方式建立路由。

- 7　　取得 GET 方式傳送的參數值存於變數。

- 8　　組合變數與訊息返回顯示在頁面上。

執行結果

如果原來伺服器仍在執行，在視窗按 **Ctrl + C** 鍵可結束伺服器運行。瀏覽器網址列輸入「http://127.0.0.1:5000/?name=David」或「http://127.0.0.1:5000/?name=Lily」，顯示頁面會因為不同的網頁參數而出現不同的結果。

2.3.2 用 POST 方式傳送資料

無論是以路由或 GET 方式傳送資料給網頁，其傳送的資料都會暴露在網址列中，形成網頁安全很大的漏洞，如果傳送重要資料如帳號、密碼等，等於將機密資料告訴所有人。

POST 傳送參數

POST 方式傳送的資料不會顯示於網址列，是相當安全的資料傳送方式。網頁中最常使用 POST 的方法是以表單 (Form) 形式讓使用者輸入資料，再將表單以 POST 方式傳送。網頁的表單語法格式如下：

```html
<form method='post' action=''>
    <p> 帳號：<input type='text' name='username' /></p>
    <p> 密碼：<input type='text' name='password' /></p>
    <p><button type='submit'> 確定 </button></p>
</form>
```

在 <form> ... </form> 中為表單的內容，**method='post'** 表示以 POST 方式送出表單，**action** 設定表單要傳遞參數前往的頁面，若沒有設定或為空值是傳到原頁。<input type='text'> 為文字輸入欄，**name** 屬性即是要傳遞的參數名。

以這個範例來說，當按下確定鈕，表單會送出 username 及 password 二個參數到原頁面中，值即為輸入在這二個欄位中的值。

接收 POST 參數

Flask 必須建立對應的路由及處理函式，語法為：

```python
@app.route('/ 網頁路徑 ', methods=['GET','POST'])
def 處理函式名稱 ():
    處理 POST 資料程式碼
```

為了方便識別，通常會將「網頁路徑」與「處理函式名稱」設為相同。

Flask 要取得 POST 參數值，也要匯入 request 模組：

```
from flask import request
```

匯入 request 模組後就以「values」方法取得 POST 參數值，語法為：

```
request.values(' 參數名稱 ')
```

例如取得 name 參數值：

```
request.values('name')
```

下面範例會以 POST 方式傳送 username 及 password 參數給 Flask 處理。

post.py

```
1    from flask import Flask
2    from flask import request
3    app = Flask(__name__)
4
5    @app.route('/', methods=['GET','POST'])
6    def submit():
7        if request.method == "POST":
8            username = request.values['username']
9            password = request.values['password']
10           if username=='david' and password=='1234':
11               return ' 歡迎光臨本網站！'
12           else:
13               return ' 帳號或密碼錯誤！'
14       return """
15               <form method='post' action=''>
16                   <p>帳號:<input type='text' name='username' /></p>
17                   <p>密碼:<input type='text' name='password' /></p>
18                   <p><button type='submit'> 確定 </button></p>
19               </form>
20       """
21
22   if __name__ == '__main__':
23       app.run()
```

程式說明

- ▣ 2   匯入 `request` 模組。
- ▣ 5-20   設定表單顯示及接收 POST 參數值後的處理。
- ▣ 5   以 GET 及 POST 方式建立路由。
- ▣ 7-9   如果傳送的方式是 POST，則取得 POST 傳送的帳號及密碼資料存於變數之中。
- ▣ 10-11   若帳號及密碼都正確則顯示「歡迎光臨本網站!」訊息。
- ▣ 12-13   若帳號或密碼錯誤則顯示「帳號或密碼錯誤!」訊息。
- ▣ 14-20   預設進入頁面時，是用 GET 的方法先顯示表單的頁面，所以這裡回傳了表單頁面的原始碼。

執行結果

執行後網址輸入「127.0.0.1:5000」會顯示表單，輸入正確的帳號及密碼 (david 及 1234)，按 **確定** 鈕就顯示「歡迎光臨本網站！」訊息。

若輸入的帳號或密碼錯誤，按 **確定** 鈕就顯示「帳號或密碼錯誤！」訊息。

2.4 使用模板

在實際網站中，伺服器通常是以 HTML 網頁與瀏覽器互動。要使用 Python 產生 HTML 網頁將是一件繁複的工作，因此 Flask 提供了模板 (Template) 功能，可以直接顯示 HTML 檔案，如此可大幅簡化產生網頁的工作。

▌2.4.1 靜態網頁檔

Flask 使用 render_template 模組讀取網頁檔。首先要匯入 render_template 模組：

```
from flask import render_template
```

接著就可使用 render_template 讀取網頁檔，語法為：

```
render_template(' 網頁檔案名稱 ')
```

例如讀取 <hello.html> 網頁檔：

```
render_template('hello.html')
```

Flask 的網頁檔案需放在 Flask 程式路徑的 <templates> 資料夾中，系統才能讀取。

template1.py

```
...
4 from flask import render_template
5 @app.route('/hello')
6 def hello():
7     return render_template('hello.html')
...
```

<hello.html> 位於 <templates> 資料夾中，程式碼為：

templates\hello.html

```
1 <!DOCTYPE html>
2 <html>
3 <head>
4     <meta charset='utf-8'>
5     <title> 第一個模版 </title>
6 </head>
7 <body>
```

```
 8 <h1> Flask 網站 </h1>
 9  <h2> 歡迎光臨！ </h2>
10  <h4> 2019 年 11 月 12 日 </h4>
11 </body>
12 </html>
```

執行後網址輸入「**127.0.0.1:5000/hello**」的結果：

2.4.2 傳送參數及變數給網頁檔

傳送參數首先需在路由中設定參數，例如在 hello 網頁傳送 name 字串參數：

```
@app.route('/hello/<string:name>')
```

接著在 render_template 中加入第二個參數，語法為：

```
render_template(' 網頁檔案名稱 ', **locals())
```

「**locals()」是指傳送所有參數及區域變數。

在網頁檔中接收參數的方法是將參數名稱以「{{」及「}}」包圍起來，例如接收 name 參數的語法為：

```
{{name}}
```

接收變數的語法和參數相同。

template2.py

```
...
 4 from flask import render_template
 5 from datetime import datetime
 6 @app.route('/hello/<string:name>')
 7 def hello(name):
 8     now = datetime.now()
 9     return render_template('hello2.html', **locals())
...
```

程式說明

■ 6 　　　傳送 name 字串參數。

■ 8 　　　建立變數 now 儲存現在時間。

template\hello2.html

```
...
 7 <body>
 8 <h1> Flask 網站 </h1>
 9   <h2> {{name}}，歡迎光臨！ </h2>
10   <h4> 現在時刻：{{now}} </h4>
11 </body>
...
```

程式說明

■ 9 　　　接收 name 參數。

■ 10 　　接收 now 變數。

執行結果

執行後網址輸入「127.0.0.1:5000/hello/ 李四」的結果：

2.4.3 網頁檔使用靜態檔案

網頁中常會使用一些靜態檔案，如圖片、樣式檔案等。一般會將靜態檔案置於 <static> 資料夾中。在網頁檔中使用 <static> 資料夾中檔案的語法為：

```
{{ url_for('static', filename= 靜態檔案名稱 ) }}
```

例如使用 <static/ball.png> 圖片檔：

```
{{ url_for('static', filename='ball.png') }}
```

範例 <template3.py> 與 <template2.py> 大致相同，不同處只有開啟 <hello3.html> 網頁檔。

template\hello3.html

```
1  <!DOCTYPE html>
2  <html>
3  <head>
4      <meta charset='utf-8'>
5      <title> 使用靜態檔案模版 </title>
6      <link rel="stylesheet" href="{{ url_for('static',
           filename='style1.css') }}">
7  </head>
8  <body>
9  <h1> Flask 網站
10     <img src="{{ url_for('static', filename='ball.png') }}"
               width="32" height="32" />
11 </h1>
12     <h2> {{name}}，歡迎光臨！ </h2>
13     <h4> 現在時刻：{{now}} </h4>
14 </body>
15 </html>
```

程式說明

- 6　　　使用 <static/style1.css> 樣式檔。

- 10　　使用 <static/ball.png> 圖片檔。

<style1.css> 設定 <h4> 的文字為紅色。

static\style1.css

```
1 h4 {
2 color:red;
3 }
```

執行結果

執行後網址輸入「127.0.0.1:5000/hello」的結果：

2.5 Template 語言

Template 模版有自己的語言，可以顯示變數，同時也有 if 條件指令和 for 迴圈指令，也可以加上註解。

Template 模版的組成：

名稱	說明	範例
變量	將 views 傳送內容顯示在模版指定的位置上。	{{username}}
標籤	if 條件指令和 for 迴圈指令。	{% if found %} { % for item in items %}
單行註解	語法：{# 註解文字 #}。	{# 這是註解文字 #}
文字	HTML 標籤或文字。	\<title\>顯示的模版 \</title\>

2.5.1 變量

變量就是要顯示的變數，變數可以是一般的變數，也可以使用字典變數或串列，分別以「{{變數}}」、「{{字典變數.鍵}}」、「{{串列.索引}}」語法來表示。請特別注意：在模版中使用的語法和 Python 並不相同，下表為其對照。

變量類型	Template 語法	Python 語法	說明
字典	{{dict1.name}}	dict1[name]	name 是字典的鍵。
方法	{{obj1.show}}	obj1.show()	show() 是 obj1 物件的方法。
串列	{{list1.0}}	list1[0]	list1 是串列。例如：list1=["a","b","c"]。

下面例子示範傳遞字典及串列到網頁模板。

```
variable.py
...
 4 from flask import render_template
 5 @app.route('/variable')
 6 def variable():
 7     student = {'學號':'874523', '姓名':'張三', '性別':'男'}
 8     fruit = ['蘋果', '香蕉', '芭樂', '百香果']
 9     return render_template('variable.html', **locals())
...
```

程式說明

▨	7	建立字典。
▨	8	建立串列。

```
template\variable.html
...
 7 <body>
 8     <h4>姓名：{{student.姓名}}</h4>
 9     <h4>最喜歡的水果：{{fruit.1}}</h4>
10 </body>
...
```

程式說明

▨	8	取得 student 字典中鍵為「姓名」的值。
▨	9	取得 fruit 串列的第二個元素值。

執行結果

執行後網址輸入「127.0.0.1:5000/variable」的結果：

▌2.5.2 標籤

Template 模版的條件判斷指令和迴圈指令稱為標籤,有 if 條件指令和 for 迴圈指令。

條件指令

if 條件指令依條件是否成立執行對應的程式區塊,有單向、雙向和多向判斷式。

單向判斷式

單向條件判斷式是最簡單的條件判斷式,當條件成立時就執行程式區塊,若條件不成立,將不執行程式區塊。語法為:

```
{% if 條件 %}
    程式區塊
{% endif %}
```

例如:如果成績 score 大於等於 60 分顯示「及格」。

```
{% if score >= 60 %}
    及格
{% endif %}
```

雙向判斷式

雙向條件判斷式則是條件成立時執行程式區塊一,否則執行程式區塊二。語法為:

```
{% if 條件 %}
    程式區塊一
{% else %}
    程式區塊二
{% endif %}
```

例如:如果成績 score 大於等於 60 分顯示「及格」,否則顯示「不及格」。

```
{% if score >= 60 %}
    及格
{% else %}
    不及格
{% endif %}
```

多向判斷式

多向條件判斷式則是在多個條件中,擇一執行,如果條件成立,就執行相對應的程式區塊,如果所有條件都不成立,則執行 else 後面的程式區塊,語法為:

```
{% if 條件一 %}
    程式區塊一
{% elif 條件二 %}
    程式區塊二
{% elif 條件三 %}
    程式區塊三
    ...
[{% else %}
    程式區塊 else]
{% endif %}
```

例如：如果成績 score 大於等於 90 分顯示「優等」，大於等於 80 分且小於 90 分顯示「甲等」，大於等於 70 分且小於 80 分顯示「乙等」，大於等於 60 分且小於 70 分顯示「丙等」，小於 60 分顯示「丁等」。

```
{% if score >= 90 %}
    優等
{% elif score >=80 %}
    甲等
{% elif score >=70 %}
    乙等
{% elif score >=60 %}
    丙等
{% else %}
    丁等
{% endif %}
```

for 迴圈指令

for 迴圈可以依序讀取串列元素，並執行程式區塊，語法為：

```
{% for 變數 in 串列 %}
    程式區塊
```

例如：定義 list1 串列為 list1 = range(1,6)。

```
list1 = range(1,6)
```

在樣版中以 for 迴圈顯示 list1，執行結果為「1,2,3,4,5,」。

```
{% for i in list1 %}
    {{i}},
{% endfor %}
```

範例：模版中接收串列資料並依序顯示

由於本單元還未講解資料庫，因此先以串列方式建立 persons 串列模擬從資料庫中取出資料，該串列中包含 3 筆字典型別資料。

show.py

```
...
 4 from flask import render_template
 5 @app.route('/show')
 6 def show():
 7     person1={"name":"Amy","phone":"049-1234567","age":20}
 8     person2={"name":"Jack","phone":"02-4455666","age":25}
 9     person3={"name":"Nacy","phone":"04-9876543","age":17}
10     persons=[person1,person2,person3]
11     return render_template('show.html', **locals())
...
```

templates\show.html

```
...
 7 <body>
 8     <h3>
 9     {% for person in persons%}
10     <ul>
11         <li>姓名：{{person.name}}</li>
12         <li>手機：{{person.phone}}</li>
13         <li>年齡：{{person.age}}</li>
14     </ul>
15     {% endfor %}
16     </h3>
17 </body>
...
```

程式說明

■ 9-15　以 for 迴圈逐一顯示資料。

執行結果

執行後開啟「http://127.0.0.1:5000/show/」，將會依序顯示串列中的資料。

03

管理 PostgreSQL 資料庫

3.1　PostgreSQL 資料庫的安裝與使用

網站通常必須搭配資料庫一起使用,因為資料庫可以提供更多資源。

資料庫的種類繁多,最簡單的資料庫是 sqlite,但因 sqlite 是單檔資料庫,若將專題上傳到 Heroku,sqlite 資料庫在一段時間 (通常是幾個小時) 就會被還原。而 Heroku 預設的資料庫為 PostgreSQL,因此本書使用 PostgreSQL 做為資料庫。

▌3.1.1　安裝 PostgreSQL 資料庫

開啟「https://www.postgresql.org/download/」網頁,點選 **Downloads** 項目的 **Windows** 圖示。

點選 **Download the installer**。

依照作業系統下載:此處下載 **Windows x86-64** 的 13.1 版。

請執行下載的安裝檔，首先取消 **Stack Builder** 項目，接著要設定預設管理者：postgres 的密碼，建議設定簡單易記的內容 (此處輸入 **123456**)，因為以後每次開啟 PostgreSQL 管理工具時會要求輸入此密碼。最後按 **Finish** 鈕完成安裝。

▌ 3.1.2 新增資料庫管理者

安裝 PostgreSQL 資料庫時，也安裝了 PostgreSQL 的管理工具 pgadmin，我們可以使用此工具來建立資料庫管理者及資料庫。

首先建立資料庫管理者帳號：執行 **程式集 / PostgreSQL 13 / pgAdmin 4**。

輸入安裝時建立的密碼，按 **OK** 鈕即可開始使用 PostgreSQL 管理工具。

在 **Login / Group Roles** 按滑鼠右鍵，於快顯功能表點選 **Create / Login/Group Role**。

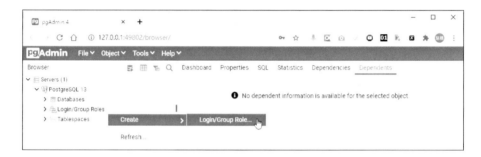

Genaral 頁籤的 **Name** 欄位輸入管理者名稱 (此處輸入 admin)，**Definition** 頁籤的 **Password** 欄位輸入密碼 (此處輸入 123456)。

Privileges 頁籤的 **Can login?** 欄位改為 **Yes**，按 **Save** 鈕完成建立管理者。

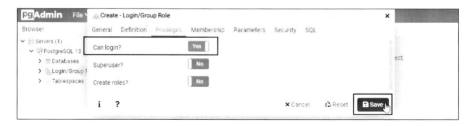

回到管理工具頁面，可見到新增的管理者。

▌3.1.3 新增資料庫

在 **Databases** 按滑鼠右鍵，於快顯功能表點選 **Create / Database**。

Database 欄位輸入資料庫名稱 (此處輸入 testdb)，**Owner** 欄位選擇管理者名稱 admin，按 **Save** 鈕完成建立資料庫。

回到管理工具頁面，可見到新建立的 testdb 資料庫。

3.2　資料庫的連結與資料模型的定義

Flask-SQLAlchemy 模組可以使用 ORM(Object-Relational Mapping，物件關係對映) 或直接用 SQL 語法對資料庫進行操作，以下先說明 ORM 的操作方式。

3.2.1　認識 Flask-SQLAlchemy

Flask-SQLAlchemy 是基於 SQLAlchemy 模組的擴充，為 Flask 提供資料庫操作的模組，不僅在使用上十分方便，在大型專題上也很容易套用及擴充。

安裝模組

使用 Flask-SQLAlchemy 模組連接 PostgreSQL 資料庫前必須在命令提示字元視窗中以下列命令安裝 Flask-SQLAlchemy 及 psycopg2 模組：

```
pip install -U flask_sqlalchemy
pip install -U psycopg2
```

ORM 的使用

ORM 的概念是將資料庫的內容映射為物件，程式可以利用操作物件的方式對資料庫進行操作，而不直接使用 SQL 語法。如此一來無論系統使用哪一種資料庫，都能使用相同的邏輯進行資料庫的存取，而且更簡單、更安全。Flask-SQLAlchemy 使用 ORM 進行資料庫操作的基本步驟如下：

3.2.2　設定資料庫連線

Flask-SQLAlchemy 將資料庫連線的方式定義成帶有參數的 URI 字串，不同的資料庫有不同的格式的連線字串，所以**當使用的資料庫類型改變，只要修改資料庫的連線字串即可**，相當方便。

以 PostgreSQL 為例，設定的語法為：

```
from flask import Flask, request
from flask_sqlalchemy import SQLAlchemy

app = Flask(__name__)
app.config['SQLALCHEMY_DATABASE_URI'] =
        'postgresql:// 管理者帳號 : 管理者密碼 @ 資料庫位址 :5432/ 資料庫名稱 '
db = SQLAlchemy(app)
```

3.2.3 定義資料模型

接著是定義資料模型 (Model)，定義的方式是為資料建立類別，其功能是定義資料表中各個欄位。**即使資料表已經存在仍必須定義，程式才能對應資料欄位進行操作。**設定的語法為：

```
class 類別名稱 (db.Model):
    __tablename__ = ' 資料表名稱 '
    主索引欄位 = db.Column(db.Integer, primary_key = True)
    欄位名稱 1 = db.Column( 欄位型態 1[, 欄位參數 1, 欄位參數 2,……])
    欄位名稱 2 = db.Column( 欄位型態 2[, 欄位參數 1, 欄位參數 2,……])
    ......
    def __init__(self, 欄位名稱 1, 欄位名稱 2…… ):
        self. 欄位名稱 1 = 欄位名稱 1
        self. 欄位名稱 2 = 欄位名稱 2
        ......
```

- **類別名稱**：可以自行任意命名。
- **資料表名稱**：要建立的資料表名稱。
- **主索引欄位**：為每一筆資料的主鍵，其值排他不可重複。資料表一定要有此欄位，否則建立資料表時會產生錯誤。
- **資料型態**：PostgreSQL 資料欄位有下列常用型態。

型態	Python 資料型態	說明
Integer	int	整數
Float	float	浮點數
String \ Text	str	字串 \ 長篇文字
Boolean	bool	布林值

■ **欄位參數**：欄位參數有下列常用類型。

primary_key	主鍵，如果設為 True，表示主鍵。
unique	唯一值，如果設為 True，此欄位值不可重複。
index	索引，如果設為 True，會建立索引，可提升查詢效率。
nullable	是否可以為 null，預設 True。
default	設定預設值。

請注意：**當資料模型定義完成，最後要用 db.create_all() 建立資料表物件**。這個動作可以放置在 Flask 服務啟動前，或是預設頁面顯示前。

在以下範例程式中會在 testdb 資料庫中建立 students 資料表的資料模型，資料表有 5 個欄位，除了 sid 主索引欄位資料型態為整數外，其他欄位都為字串。

程式碼：models.py

```
1    from flask import Flask
2    from flask_sqlalchemy import SQLAlchemy
3
4    app = Flask(__name__)
5    app.config['SQLALCHEMY_DATABASE_URI'] =
                    'postgresql://admin:123456@127.0.0.1:5432/testdb'
6    db = SQLAlchemy(app)
7
8    class students(db.Model):
9        __tablename__ = 'students'
10       sid = db.Column(db.Integer, primary_key = True)
11       name = db.Column(db.String(50), nullable = False)
12       tel = db.Column(db.String(50))
13       addr = db.Column(db.String(200))
14       email = db.Column(db.String(100))
15
16       def __init__(self, name, tel, addr, email):
17           self.name = name
18           self.tel = tel
19           self.addr = addr
20           self.email = email
21
22   @app.route('/')
23   def index():
24       db.create_all()
25       return "資料庫連線成功！"
```

```
26
27   if __name__ == '__main__':
28       app.run()
```

程式說明

- 4-6　　連結 testdb 資料庫。

- 8-20　　定義資料模型：資料表名稱為 students，sid 為主索引欄位，型態為整
　　　　數。name 為姓名、tel 為電話、addr 為住址、email 為電子郵件，型態
　　　　皆為字串。

- 24　　在預設頁面啟動前，建立資料表物件。

執行結果

程式執行後，開啟瀏覽器瀏覽服務的頁面，如下看到連線成功的訊息。

接著請開啟 pdAdmin 管理頁面，展開剛新增的資料庫 **testdb / Schemas / Public /
Tables** 果然新增了 students 資料表。選取後按滑鼠右鍵，點選 **Properties**。

在視窗中的 General 標籤下，可以看到資料表的名稱、擁有者等資訊。切換到
Colums 標籤，即可看到剛定義資料模型後建立好的資料欄位。

3.3　資料表的操作

資料表操作動作可以歸納為：CRUD，也就是 Create 新增、Read 查詢、Update 更新、Delete 刪除。以下就分別說明如何進行操作：

3.3.1　新增資料

在查詢資料之前必須先新增資料。在定義資料模型時，其實是根據需求建立了一個產生資料物件的類別，所以在新增資料時，就必須利用這個類別新增資料物件，再加入到資料表中，步驟如下：

1. 建立資料物件
2. 將物件用 add() 方法添加到暫存資料 db.session 之中
3. 最後用 commit() 方法將 db.session 提交到資料表裡新增

新增單筆資料

以剛才的範例來說，程式在定義資料模型時建立了一個 students 類別，這裡只要填入姓名、電話、住址、電子郵件欄位資料，即可新增一個學生資料物件。接著利用 add() 方法將這筆資料暫存到 db.session 之中，最後再用 commit() 方法提交到資料表裡新增。例如：

```
student = students('炭治郎','0911111111','台北市信義路 101 號','tjl@test.com')
db.session.add(student)
db.session.commit()
```

新增多筆資料

若要新增多筆資料，可以逐一將資料物件新增到 List 串列中，再將串列資料用 add_all() 方法暫存到 db.session 之中，最後再用 commit() 方法提交到資料表裡批次新增。例如：

```
datas = [
    students('彌豆子','0922222222','台北市南京東路 50 號','mdj@test.com'),
    students('伊之助','0933333333', '台北市北門路 20 號', 'yjj@test.com')]
db.session.add_all(datas)
db.session.commit()
```

以下範例程式，會在 testdb 資料庫的 students 資料表中分別新增一筆及多筆資料。

程式碼：insert.py

```
1    from flask import Flask
2    from flask_sqlalchemy import SQLAlchemy
3
4    app = Flask(__name__)
5    app.config['SQLALCHEMY_DATABASE_URI'] =
                'postgresql://admin:123456@127.0.0.1:5432/testdb'
6    db = SQLAlchemy(app)
7
8    class students(db.Model):
9        __tablename__ = 'students'
10       sid = db.Column(db.Integer, primary_key = True)
11       name = db.Column(db.String(50), nullable = False)
12       tel = db.Column(db.String(50))
13       addr = db.Column(db.String(200))
14       email = db.Column(db.String(100))
15
16       def __init__(self, name, tel, addr, email):
17           self.name = name
18           self.tel = tel
19           self.addr = addr
20           self.email = email
21
22   @app.route('/')
23   def index():
24       db.create_all()
25       return "資料庫連線成功！"
26
27   @app.route('/insert')
28   def insert():
29       student = students( '炭治郎','0911111111',
                                    '台北市信義路 101 號', 'tjl@test.com')
30       db.session.add(student)
31       db.session.commit()
32       return "資料新增成功！"
33
34   @app.route('/insertall')
35   def insertall():
36       datas = [students(' 彌豆子 ','0922222222',
                                    '台北市南京東路 50 號','mdj@test.com'),
```

```
37              students(' 伊之助 ','0933333333',
                    ' 台北市北門路 20 號 ', 'yjj@test.com')]
38      db.session.add_all(datas)
39      db.session.commit()
40      return " 資料批次新增成功！"
41
42   if __name__ == '__main__':
43      app.run(debug=True)
```

程式說明

- 4-6   連結 testdb 資料庫。
- 8-20   定義資料模型。
- 24   在預設頁面啟動前，建立資料表物件。
- 27-32   新增一筆資料到資料表中。
- 34-40   新增多筆資料到資料表中。

執行結果

程式執行後，開啟瀏覽器瀏覽服務的頁面，除了首頁之外，請前往「/insert」及「/insertall」二個網址執行不同的程式，分別加入一筆及多筆資料。

接著開啟 pdAdmin 管理頁面檢視資料新增的結果。在資料庫 **testdb / Schemas / Public / Tables / students** 上按滑鼠右鍵，點選 **View/Edit Data / All Rows**。

在下方果然顯示了這三筆依序加入的資料了。

3.3.2 查詢資料

Flask-SQLAlchemy 在資料物件的類別上提供了 **query** 屬性，使用時會生成新的資料物件，將所有資料返回。此時可以利用 **all()** 的方法取得所有資料，或是 **first()** 取得第一筆資料。在查詢時可以搭配 **filter_by()** 進行資料的篩選，或是利用 **get()** 資料物件的主索引欄位值來取得資料。

query.all() query.first() 查詢資料

以剛才的範例來說，程式在定義資料模型時建立了一個 students 類別，若要取得所有的資料，可以在建立物件後取得 **query** 屬性，再用 **all()** 方法取得所有資料。例如：

```
datas = students.query.all()
```

其中 **datas** 是一個串列，每個元素就是一筆資料物件。

如果想要取得第一筆資料，可以使用 **first()** 方法。例如：

```
datas = students.query.first()
```

query.filter_by() 加入篩選條件

在取得資料物件的 **query** 屬性的內容後，可以搭配 **filter_by()** 進行篩選。例如：

```
datas = students.query.filter_by(name=' 炭治郎 ').first()
```

篩選回來的資料是串列，必須使用 **all()** 或是 **first()** 的方法顯示所有或第一筆資料。

query.get() 利用主索引欄的值查詢

主索引欄位的值有唯一排他的特性，很適合快速取出指定的一筆資料。在取得資料物件 **query** 屬性的內容後，可以搭配 **get()** 加上主索引欄位的值進行查詢。例如：

```
student = students.query.get(1)
```

因為主索引欄位的特性，所以用 **get()** 方法取回的即是所屬的資料物件，而不是串列。

以下範例程式，會在 testdb 資料庫的 students 資料表中查詢資料。

程式碼：query.py

```python
1    from flask import Flask
2    from flask_sqlalchemy import SQLAlchemy
3
4    app = Flask(__name__)
5    app.config['SQLALCHEMY_DATABASE_URI'] =
                'postgresql://admin:123456@127.0.0.1:5432/testdb'
6    db = SQLAlchemy(app)
7
8    class students(db.Model):
9        __tablename__ = 'students'
10       sid = db.Column(db.Integer, primary_key = True)
11       name = db.Column(db.String(50), nullable = False)
12       tel = db.Column(db.String(50))
13       addr = db.Column(db.String(200))
14       email = db.Column(db.String(100))
15
16       def __init__(self, name, tel, addr, email):
17           self.name = name
18           self.tel = tel
19           self.addr = addr
20           self.email = email
21
22   @app.route('/')
23   def index():
24       db.create_all()
25       return "資料庫連線成功！"
26
27   @app.route('/queryall')
28   def queryall():
29     datas = students.query.all()
30     msg = ""
31     for student in datas:
32       msg += f"{student.name}, {student.tel},
                        {student.addr}, {student.email}<br>"
33     return msg
34
35   @app.route('/queryusr/<int:uid>')
36   def queryusr(uid):
37     student = students.query.get(uid)
```

```
38              return f"{student.name}<br>{student.tel}<br>
                        {student.addr}<br>{student.email}"
39
40      @app.route('/queryname/<string:name>')
41      def queryfilter(name):
42          student = students.query.filter_by(name=name).first()
43          return f"{student.name}<br>{student.tel}<br>
                    {student.addr}<br>{student.email}"
44
45      if __name__ == '__main__':
46          app.run()
```

程式說明

- 4-6   連結 testdb 資料庫。
- 8-20   定義資料模型。
- 24   在預設頁面啟動前，建立資料表物件。
- 27-33   顯示資料表所有資料。
- 35-38   以主索引欄位值顯示指定資料。
- 40-43   以姓名進行篩選顯示指定資料。

執行結果

程式執行後，開啟瀏覽器除了首頁之外，請前往「/queryall」顯示所有資料。

使用「/queryusr/1」顯示第一筆資料。使用「/queryname/< 姓名 >」顯示篩選資料。

▌3.3.3 更新及刪除資料

在更新或刪除資料時，必須先將要處理的資料物件查詢出來，再進行更新或是刪除的動作，最後用 db.session.commit() 方法將結果提交到資料表。

更新資料

更新資料時先將要更新的資料物件查詢出來，再將資料物件要修改的屬性設定新的值，再用 db.session.commit() 的方法更新到資料表中。例如：

```
student = students.query.get(1)
student.name = " 王小明 "
student.email = "ming@test.com"
db.session.commit()
```

更新資料時要先將資料物件篩選出來，利用主索引欄位的值是最快的方式。另外要注意的是：一旦資料物件有任何變動，都必須要用 db.session.commit() 的方法進行更新，否則是不會生效的。

刪除資料

刪除資料時先將要刪除的資料物件查詢出來，再利用 db.session.delete() 刪除這個資料物件，再用 db.session.commit() 的方法更新到資料表中。例如：

```
student = students.query.get(1)
db.session.delete(student)
db.session.commit()
```

以下範例程式，會在 testdb 資料庫的 students 資料表中查詢資料。

程式碼：update_delete.py

```
1    from flask import Flask
2    from flask_sqlalchemy import SQLAlchemy
3
4    app = Flask(__name__)
5    app.config['SQLALCHEMY_DATABASE_URI'] =
             'postgresql://admin:123456@127.0.0.1:5432/testdb'
6    db = SQLAlchemy(app)
7
8    class students(db.Model):
9        __tablename__ = 'students'
10       sid = db.Column(db.Integer, primary_key = True)
```

```
11      name = db.Column(db.String(50), nullable = False)
12      tel = db.Column(db.String(50))
13      addr = db.Column(db.String(200))
14      email = db.Column(db.String(100))
15
16      def __init__(self, name, tel, addr, email):
17          self.name = name
18          self.tel = tel
19          self.addr = addr
20          self.email = email
21
22  @app.route('/')
23  def index():
24      db.create_all()
25      return " 資料庫連線成功！"
26
27  @app.route('/updateusr/<int:uid>')
28  def updateusr(uid):
29      student = students.query.get(uid)
30      student.name = student.name + "( 已修改 )"
31      db.session.commit()
32      return " 資料修改成功！"
33
34  @app.route('/deleusr/<int:uid>')
35  def deleusr(uid):
36      student = students.query.get(uid)
37      db.session.delete(student)
38      db.session.commit()
39      return " 資料刪除成功！"
40
41  if __name__ == '__main__':
42      app.run()
```

程式說明

- 4-6　　　連結 testdb 資料庫。

- 8-20　　定義資料模型。

- 24　　　在預設頁面啟動前，建立資料表物件。

- 27-32　修改指定資料物件的姓名欄位值。

- 34-39　刪除指定資料物件。

執行結果

程式執行後，開啟瀏覽器除了首頁之外，請前往「/updateusr/1」及「/deleusr/3」二個網址執行不同的程式，分別更新及刪除一筆資料。

接著開啟 pdAdmin 管理頁面檢視資料新增的結果。在資料庫 **testdb / Schemas / Public / Tables / students** 上按滑鼠右鍵，點選 **View/Edit Data / All Rows**。

在下方顯示了更新後的資料。

3.4 使用 SQL 指令操作資料庫

Flask-SQLAlchemy 模組可以使用 ORM 的方式來操作資料庫之外，其實也可以直接使用 SQL 語法對資料庫進行操作。

3.4.1 新增資料表

設定資料庫連線

在操作資料庫之前，與 ORM 一樣，必須先進行設定資料庫連線，並產生 db 物件，設定的語法為：

```
from flask import Flask, request
from flask_sqlalchemy import SQLAlchemy

app = Flask(__name__)
app.config['SQLALCHEMY_DATABASE_URI'] =
        'postgresql:// 管理者帳號 : 管理者密碼 @ 資料庫位址 :5432/ 資料庫名稱 '
db = SQLAlchemy(app)
```

使用 SQL 指令新增資料表

使用 SQL 語法操作 PostgreSQL 資料庫的語法為：

```
命令變數 = "SQL 語法 "
db.engine.execute( 命令變數 )
```

連線到資料庫之後，首先要新增資料表，其 SQL 指令為：

```
CREATE TABLE 資料表名稱 (
    欄位 1 資料型態 ,
    欄位 2 資料型態 ,
    ……
)
```

在定義欄位時要設定資料型態，常用的如 interger 用於整數，numeric 用於浮點數，text 用於字串，date 則是日期，time 是時間，而 timestamp 則同時包含日期和時間。但有些特別的欄位，如主索引欄因為要自動新增其中的整數，所以會使用 serial 型態；若要設定固定長度字串欄位，可使用 character 型態；若要設定可變長度字串欄位，可以使用 character varying 型態。

例如在下面的程式中要新增一個 students2 資料表，sid 為主索引欄位，name 為姓名、tel 為電話、addr 為住址、email 為電子郵件，型態皆為字串，語法：

程式碼：sql.py

```
1    from flask import Flask
2    from flask_sqlalchemy import SQLAlchemy
3
4    app = Flask(__name__)
5    app.config['SQLALCHEMY_DATABASE_URI'] =
              'postgresql://admin:123456@127.0.0.1:5432/testdb'
6    db = SQLAlchemy(app)
7
8    @app.route('/')
9    def index():
10       return "資料庫連線成功！"
11
12   @app.route('/setup')
13   def setup():
14       sql = """
15       CREATE TABLE students2 (
16       sid serial NOT NULL,
17       name character varying(50) NOT NULL,
18       tel character varying(50),
19       addr character varying(200),
20       email character varying(100),
21       PRIMARY KEY (sid))
22       """
23       db.engine.execute(sql)
24       return "資料表建立成功！"
```

程式說明

- 4-6　　　連結 testdb 資料庫。

- 8-10　　定義預設根目錄頁面。

- 12-24　定義新增資料表頁面。

- 14-22　設定新增資料表的 SQL 指令。

- 23　　　執行 SQL 指令。

- 24　　　顯示執行後的訊息。

執行結果

程式執行後，開啟瀏覽器除了首頁之外，請前往「/setup」新增資料表。

接著請開啟 pdAdmin 管理頁面，展開剛新增的資料庫 **testdb / Schemas / Public / Tables** 果然新增了 students2 資料表。選取後按滑鼠右鍵，點選 **Properties**。在視窗中的 General 標籤下，可以看到資料表的名稱、擁有者等資訊。切換到 Colums 標籤，即可看到剛定義資料模型後建立好的資料欄位。

▌3.4.2 新增資料

新增資料的 SQL 語法為：

```
INSERT INTO 資料表名稱 ( 欄位名稱 1, 欄位名稱 2,……)
    VALUES( 欄位值 1, 欄位值 2,……)
```

注意欄位值的資料型態需與欄位名稱對應，如果資料型態不符，執行時會產生錯誤而無法新增資料。另外主索引欄新增資料時不必設定，系統會自動為此欄位指定適當之值。

下面程式會為 students2 資料表新增三筆資料。

```
程式碼：sql.py（續）
......
26    @app.route('/insert')
27    def insert():
28        sql = """
29        INSERT INTO students2 (name, tel, addr, email) VALUES
          (' 炭治郎 ', '0911111111', ' 台北市信義路 101 號 ', 'tjl@test.com');
30        INSERT INTO students2 (name, tel, addr, email) VALUES
          (' 彌豆子 ', '0922222222', ' 台北市南京東路 50 號 ', 'mdj@test.com');
31        INSERT INTO students2 (name, tel, addr, email) VALUES
          (' 伊之助 ', '0933333333', ' 台北市北門路 20 號 ', 'yjj@test.com');
32        """
33        db.engine.execute(sql)
34        return " 資料新增成功！"
......
```

程式說明

- 28-32　設定新增三筆資料的 SQL 指令。
- 33　　執行 SQL 指令。
- 34　　顯示執行後的訊息。

執行結果

程式執行後，開啟瀏覽器除了首頁之外，請前往「/insert」執行加入多筆資料程式。接著開啟 pdAdmin 管理頁面來檢視資料新增的結果。在資料庫 **testdb / Schemas / Public / Tables / students2** 上按滑鼠右鍵，點選 **View/Edit Data / All Rows**。

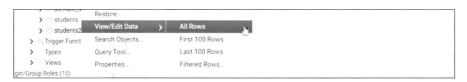

在下方果然顯示了這三筆依序加入的資料了。

▌3.4.3 查詢資料

對於資料庫的操作中，查詢資料是使用最頻繁的操作。查詢資料是由資料庫中取得使用者所需的資料。查詢資料的 SQL 語法為：

```
SELECT 欄位名稱1, 欄位名稱2,…… FROM 資料表名稱 [WHERE 條件式
    ORDER BY 欄位名稱 [ASC|DESC] ]
```

「欄位名稱 1, 欄位名稱 2,……」是要取得的欄位資料，若使用星號「*」表示要取得所有欄位資料。

WHERE 及 ORDER BY 參數可有可無，「WHERE」是篩選資料的條件，「ORDER BY」是排序，ASC 是遞增排序，DESC 是遞減排序，預設值是遞增排序。

例如取得 student 資料表中所有欄位資料，資料是以座號遞減排序呈現，其語法為：

```
SELECT * FROM student ORDER BY sid DESC
```

下面程式會取得 students2 資料表所有資料，並顯示出來。

程式碼：sql.py (續)

```
......
36    @app.route('/query')
37    def query():
38        sql = "SELECT * FROM students2 ORDER BY sid"
39        students = db.engine.execute(sql)
40        msg = ""
41        for student in students:
42            msg += f"{student['name']}, {student['tel']},
                     {student['addr']}, {student['email']}<br>"
43        return msg
......
```

程式說明

- ▦ 38   設定查詢所有欄位資料的 SQL 指令。

- ▦ 39   執行 SQL 指令，將結果儲存在 students 串列中。

- ▦ 40-42   將每個學生的資料由 students 串列中取出為 student，再分別取出欄位值，組合成顯示資料。

- ▦ 43   顯示執行後的訊息。

執行結果

程式執行後，開啟瀏覽器瀏覽到首頁之外，請前往「/query」顯示所有資料。

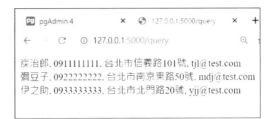

3.4.4 更新資料

更新資料的 SQL 語法為：

```
UPDATE 資料表名稱 SET 欄位名稱1=值1, 欄位名稱2=值2,…… [WHERE 條件式]
```

WHERE 參數可有可無，意義為篩選要修改資料的條件。雖然 WHERE 參數可有可無，但通常都會加上 WHERE 參數來篩選指定資料，如果省略 WHERE 參數，則資料表中所有資料記錄都會被修改，不可不慎。

下面程式會修改指定 sid 的人姓名為「炭之郎」：

程式碼：程式碼：sql.py（續）

```
......
45    @app.route('/updateusr/<int:uid>')
46    def updateusr(uid):
47        sql = "UPDATE students2
                      SET name =' 炭之郎 ' WHERE sid = " + str(uid)
48        db.engine.execute(sql)
49        return "資料修改成功！"
......
```

程式說明

- 47　設定根據網址傳遞的參數值 uid 來取出資料表中所屬的資料進行更新的 SQL 指令。

- 48　執行 SQL 指令。

- 49　顯示執行後的訊息。

執行結果

程式執行後，開啟瀏覽器除了首頁之外，請到「/updateusr/1」更新第一筆資料的姓名，再前往「/query」顯示所有資料，即可看到更新後的結果。

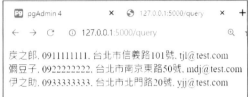

3.4.5 刪除資料

刪除資料的 SQL 語法為：

```
DELETE FROM 資料表名稱 [WHERE 條件式]
```

WHERE 參數可有可無，意義為篩選要刪除資料的條件。雖然 WHERE 參數可有可無，但通常都會加上 WHERE 參數來篩選指定資料，如果省略 WHERE 參數，則資料表中所有資料記錄都會被刪除，不可不慎。

下面程式會刪除 students2 資料表中指定 sid 編號的學生資料：

程式碼：程式碼：sql.py (續)

```
......
51    @app.route('/deleusr/<int:uid>')
52    def deleusr(uid):
53        sql = "DELETE FROM students2 WHERE sid = " + str(uid)
54        db.engine.execute(sql)
55        return " 資料刪除成功！"
......
```

程式說明

- 53   設定根據網址傳遞的參數值 uid 來取出資料表中所屬的資料進刪除的 SQL 指令。

- 54   執行 SQL 指令。

- 55   顯示執行後的訊息。

執行結果

程式執行後,開啟瀏覽器除了首頁之外,請到「/deleusr/3」刪除 sid 為 3 的資料,再前往「/query」顯示所有資料,即可看到刪除後的結果。

04

CHAPTER

LINE 開發者帳號申請

4.1　LINE 開發者管理控制台

LINE Bot 開發的第一步就是申請開發者帳號並進行設定，並熟悉各個設定位置，有助於程式開發時使用。

▌4.1.1　申請 LINE 開發者帳號

開啟「https://developers.line.biz/」網頁，按右上角 **Log in** 鈕進行登入。

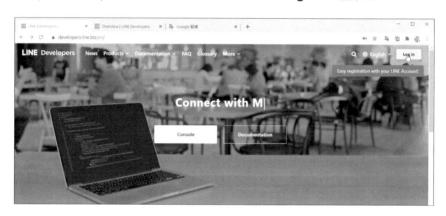

請按 **Log in with LINE account** 鈕，接著輸入 LINE 帳號及密碼後按 **登入** 鈕。

若是第一次申請，請輸入自訂的帳號名稱及密碼，再核選 **I have read and agreed to the LINE Developers Agreement** 後按 **Create my account** 鈕。

如此即可完成 LINE 開發者帳號的申請,並進入 LINE 開發者管理控制台。

4.1.2 註冊 LINE Bot 使用服務的流程

在 LINE 開發者管理控制台上可以設定 Provider 和 Channel:

1. **Provider** 可以用個人、公司或組織的身份來設定為服務提供者,並依此註冊多個 LINE 平台提供的功能。**Provider** 的名稱會顯示在用戶加入的同意畫面上,用戶可以根據這個名稱識別服務提供者。如果不是測試或學習時的作品,建議要用正式的名稱。

2. **Channel** 為 LINE 平台提供的功能,常見的如協助其他網站或或 App 應用程式認證登入者身份的 LINE login,或是 LINE Bot 機器人開發要使用的 Messaging API。

Provider 名稱

LINE Bot 的開發會使用到 LINE 平台所提供的 Messaging API,註冊的流程如下:

▌4.1.3 新增第一個 LINE Bot

接著請按照下述步驟新增並設定 Provider 及 Channel：

1. 請按下 **Create a new provider** 鈕，在顯示的視窗的 Provider name 欄位輸入服務提供者名稱，再按下 **Create** 鈕。

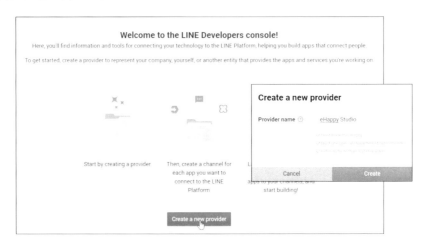

2. 請按下 **Create a Messaging API channel**，準備建立一個 LINE Bot 的服務。

3. 進入 **Create Channel** 表單後 **Channel Type** 及 **Provider** 都會自動填入。請點選 **Channel icon** 中圖示下方 **Register**，於 **開啟** 對話方塊中選取圖示檔案，即會上傳檔案，同時 **Channel icon** 欄會顯示圖示的圖形。

4. **Channel name** 欄輸入 LINE Bot 名稱，此處輸入「ehappyTest1」，**Channel description** 欄輸入 LINE Bot 說明，這兩個欄位都是必須輸入的欄位。LINE Bot 名稱七天內不能修改。

5. **Category** 及 **Subcategory** 選取 LINE Bot 的分類及子分類，再輸入 **Email**。

6. 接著核選兩個帳號權限，按 **Create** 鈕後在版權頁按 **同意** 鈕建立 LINE Bot，建立完成後就會進入 LINE Bot 設定頁面。

7. 切換到 **Messaging API** 頁籤 **Auto-reply messages** 及 **Greeting messages** 欄位預設值都是 **Enabled**，表示 LINE Bot 會自動發送歡迎及回覆訊息。由於這些訊息未來要依需求自行設計，所以必須將兩個欄位值都改為 **停用**。按 **Auto-reply messages** 或 **Greeting messages** 欄右方 **Edit** 鈕進行設定。

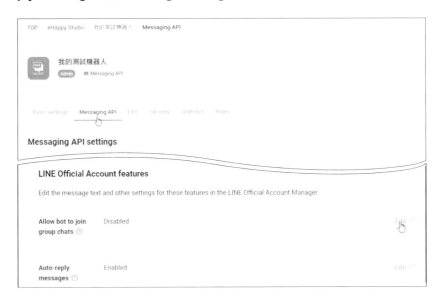

8. 此時會另外開啟一個頁面到 **LINE 官方帳號管理畫面**，在 **回應設定** 的分類中核選 **加入好友的歡迎訊息** 及 **自動回應訊息** 右方的 **停用** 核取方塊。

▌ 4.1.4 加入 LINE Bot 做朋友

在 LINE 開發者頁面建立 LINE Bot 後,使用者就可在 LINE 中將該 LINE Bot 加入朋友清單,開始與 LINE Bot 對話。

請開啟手機中的 LINE App,開啟掃描鏡頭掃描 **Messaging API** 頁籤 **QR code** 欄位的 QR code,點選 **加入** 讓 LINE Bot 成為好友,再點選 **聊天** 與 LINE Bot 對話。

因為 LINE Bot 自動回應功能已經關閉,LINE Bot 不會自動回應訊息,但可見到訊息「已讀」標記,可見 LINE Bot 已成功讀取我們發送的訊息。回到 LINE 主頁面,LINE Bot 顯示於在好友清單中。

4.2　建立 LINE Bot 圖文選單

LINE Bot 圖文選單的功能讓使用者能以點選的方式執行特定的功能，除了用豐富的圖片增添視覺效果，也能加速使用者輸入的動作。特別要注意：這個功能要在 LINE 官方帳號管理畫面裡設定。

4.2.1　建立優惠券

優惠券是 LINE Bot 行銷的常用方法，在 LINE Bot 的圖文選單中可以直接開啟優惠券頁面。LINE Bot 管理頁面提供建立優惠券的功能，只要依照指示填寫資料，系統就會自動產生精美的優惠券。

開啟「https://manager.line.biz/」後請用 LINE 帳號登入 LINE 官方帳號管理畫面，此網頁會列出所有建立的 LINE Bot，點選要處理的 LINE Bot 名稱，接著點選 **主頁** 頁籤，然後點選 **優惠券**。

於優惠券頁面按 **建立** 鈕。輸入各項基本資料，右方 **預覽** 欄位可立即顯示優惠券外觀。**有效期限** 預設為一週，**圖片** 欄位可按 **上傳圖片** 鈕上傳圖片。

進階設定可對優惠券進行細節設定：

■ **抽獎**：是否使用抽獎方式讓使用者取得優惠券。預設值為「停用」，若設為啟用，可設定中獎百分率，也可以設定中獎人數的上限。

■ **公開範圍**：預設值為「所有人」皆可得到優惠券，也可設為只有「好友」可得到優惠券，或好友可得到優惠券並可分享給其他人。

■ **可使用次數**：預設只能使用一次，也可設為無限次使用。

■ **優惠券序號**：預設為隱藏，可改為顯示優惠券序號。

■ **優惠券類型**：以顏色區分是何種優惠券，預設值為「其他 (紫色)」，還可設為折扣 (綠色)、免費 (紅色)、贈品 (藍色)、現金回饋 (黃色)。

所有項目都設定完成後，按 **儲存** 鈕就建立新的優惠券。接著會顯示 **分享優惠券** 彈出視窗告知使用者可將優惠券分享給親朋好友的各種管道。

關閉彈出視窗，管理頁面的優惠券就會顯示剛才建立的優惠券了！

4.2.2 建立集點卡

集點卡是 LINE Bot 另一個行銷利器，可以讓使用者長時間累積點數兌換贈品，增加忠誠度。

建立集點卡的方法是在管理頁面，點選 **主頁** 頁籤，然後點選 **集點卡**。**樣式** 欄位有熊大、雷納德、兔兔等十種選擇，**集滿所需點數** 可設為 1 到 50 點，接著按 **選擇優惠券** 鈕。(註：集點卡的優惠券與前一小節建立的優惠券不同)

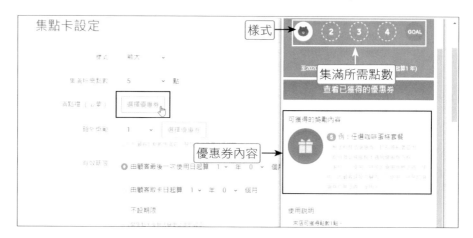

按 **建立優惠券** 鈕，輸入各項資料，點選 **請設定優惠券的圖片 (非必須)**，上傳優惠券圖片。最後按 **儲存** 鈕完成優惠券。

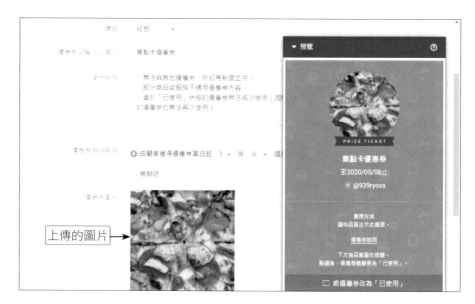

完成後顯示 **選擇優惠券** 視窗，點選優惠券右方的 **選擇** 鈕選擇優惠券。

回到 **集點卡設定** 頁面，其他欄位設定為：

■ **額外獎勵**：設定使用者蒐集了指定點數後給予贈品，提高使用者集點興趣，可設定為 1 到集滿點數減 1 之間的數值。

■ **有效期限**：預設為「由顧客最後一次使用日起算一年」，也可設為「由顧客取卡日起算一年」或「不設期限」。

■ **有效期限提醒**：預設為「有效期限的兩週前」，也可設為一天前、三天前、一週前、三週前、一個月前或不提醒。

■ **取卡回饋點數**：設定使用者領取集點卡時獲得的點數。

■ **連續取得點數限制**：設定取得點數後多少時間內不能再獲得點數。

■ **使用說明**：說明集點卡的使用方式。

所有欄位都輸入後，按 **儲存並公開集點卡** 鈕建立集點卡。(**儲存並升級集點卡** 鈕是設定不同級數的卡片，當顧客集滿第一級的卡片後，將自動解鎖第二級的卡片。)

回到管理頁面，點選 **集點卡** 的 **集卡點設定** 項目，**取卡網址** 欄就是取得此集點卡的連結網址，按右方 **複製** 鈕複製網址備用，下一小節將使用此網址在圖文選單中取得此集點卡。

▍4.2.3 建立圖文選單

圖文選單讓 LINE Bot 擁有類似行動裝置 APP 的選單功能，使用者點選選單項目圖示就會執行指定的功能。

在 LINE Bot 管理頁面點選 **圖文選單**，按右上方 **建立** 鈕。

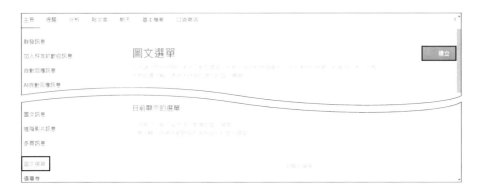

圖文選單的顯示設定

首先進行 **顯示設定**：

■ **標題**：在 LINE Bot 管理頁面點選 **圖文選單** 項目中顯示的名稱。

■ **使用期間**：設定圖文選單有效的使用時間範圍，即圖文選單在此設定的使用期間才有作用。

- **選單列顯示文字**：LINE Bot 在行動裝置中執行時顯示的選單名稱文字，預設值為「選單」。

- **預設顯示方式**：使用者在行動裝置開啟 LINE Bot 時，是否顯示圖文選單。

▲ 預設顯示方式為「顯示」

▲ 預設顯示方式為「隱藏」

圖文選單的選擇版型

接著進行 **內容設定**：點選 **選擇版型**，版型分為「大型」及「小型」，點選適合的版型，本範例圖文選單要使用四個項目，因此選擇大型的第三個版型 ，然後按 **套用** 鈕。

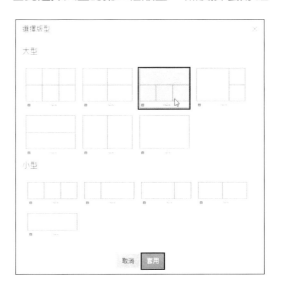

大型版型有七種，最多可建立六個項目。大型版型的圖片尺寸可為 2500px × 1686px、1200px × 810px 及 800px × 540px。尺寸越大在行動裝置顯示的圖片越清晰，但下載的時間較長且比較耗資源。

小型版型有五種，最多可建立三個項目。小型版型的圖片尺寸可為 2500px ×
843px、1200px × 405px 及 800px × 270px。

▲ 大型版型

▲ 小型版型

接著按 **上傳背景圖片** 鈕，在 **上傳背景圖片** 對話方塊中選擇圖片檔案或拖曳圖片檔
案 <large.png> 到對話方塊中，回到 **內容設定** 頁面即可看到上傳的圖片。

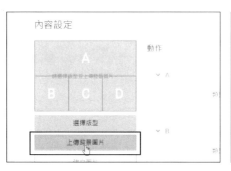

注意上傳的圖片尺寸必須符合選取的版型，否則會顯示下面的提示訊息。

圖文選單的動作設定

目前我們選擇的版型有四個項目，系統已自動將其命名為 A、B、C 及 D，且在圖片
中顯示其對應的位置。同時系統自動在右方 **動作** 欄位建立四個項目，讓設計者設定
點選圖文選單中項目執行的動作。

設定 A 項目動作：**類型** 欄在下拉式選單中點選 **連結**，表示要開啟網頁。接著輸入要開啟網頁的網址，**動作標籤** 欄輸入說明文字。

圖文選單可執行的動作類型有五種：

- **連結**：開啟指定的網頁。
- **優惠券**：發送優惠券。
- **文字**：傳送文字訊息給 LINE Bot。
- **集點卡**：發送集點卡。
- **不設定**：不執行任何動作。一個圖文選單必須至少一個項目設定執行動作，若所有項目都設為「不設定」，將無法儲存圖文選單。

其餘三個項目類型分別設為集點卡、優惠券及文字，最後按 **儲存** 鈕完成。

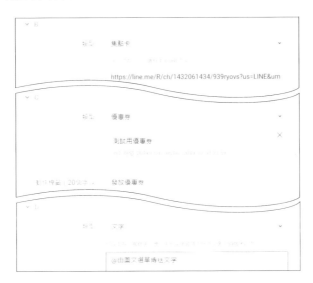

於 LINE 的「聊天」中點選新增的的 LINE Bot 機器人，即可見到剛才建立的圖文選單。
逐一點選四個項目的執行結果為：

▲ 按「連結」項目

▲ 按「集點卡」項目

▲ 按「優惠券」項目

▲ 按「文字」項目

05

LINE Bot 基本互動功能

5.1 「鸚鵡」LINE Bot

前一章建立的 LINE Bot 雖已可以執行許多功能，但不能與使用者互動。LINE Bot 與使用者互動最簡單的範例，就是使用者傳送訊息給 LINE Bot，LINE Bot 就回覆相同訊息給使用者，就像鸚鵡學人說話一樣，通常戲稱為「鸚鵡」LINE Bot。

■5.1.1 取得 LINE Bot API 程式所需資訊

開發 LINE Bot 應用程式前需要先安裝 LINE Bot SDK，連結 API 時需要 LINE Bot 的 Channel secret 及 Channel access token 資訊，API 程式才能正常運作。

1. 請建立一個新的 LINE Bot。

2. 開啟 LINE Bot (預設為 **Basic settings)**，記錄 **Channel secret** 欄位的值備用。若這個值不小心被其他人知道，可按右方 **Issue** 鈕產生新的 Channel secret 值。

3. 切換到 **Messaging API** 頁籤，**Channel access token** 在建立 LINE Bot 時預設不會自動建立，按右方 **Issue** 鈕。記錄產生的 **Channel access token** 值備用。

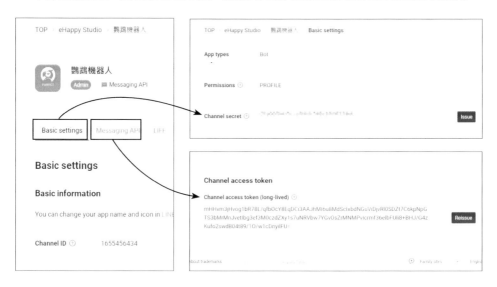

▌5.1.2 安裝 LINE Bot SDK

要使用 LINE Bot API 讓 LINE Bot 與使用者互動，必須安裝 LINE Bot SDK 才能在程式中加入 LINE Bot API。安裝 LINE Bot SDK 是在命令視窗執行下列命令：

```
pip install line-bot-sdk==1.18.0
```

▌5.1.3 使用 Flask 建立網站

使用 LINE Bot 必須建立網站伺服器，此處使用 Flask 模組。

Flask 程式需使用前一節記錄之 LINE Bot 的 Channel access token 及 Channel secret 資訊。使用下面程式時，記得將第 9 及 10 列換為使用者的 Channel access token 及 Channel secret。

程式碼：linebotTest.py

```
 1 from flask import Flask
 2 app = Flask(__name__)
 3
 4 from flask import request, abort
 5 from linebot import  LineBotApi, WebhookHandler
 6 from linebot.exceptions import InvalidSignatureError
 7 from linebot.models import MessageEvent,
     TextMessage, TextSendMessage
 8
 9 line_bot_api = LineBotApi(' 你的 Channel access token')
10 handler = WebhookHandler(' 你的 Channel secret')
11
12 @app.route("/callback", methods=['POST'])
13 def callback():
14     signature = request.headers['X-Line-Signature']
15     body = request.get_data(as_text=True)
16     try:
17         handler.handle(body, signature)
18     except InvalidSignatureError:
19         abort(400)
20     return 'OK'
21
22 @handler.add(MessageEvent, message=TextMessage)
23 def handle_message(event):
```

```
24    line_bot_api.reply_message(event.reply_token,
            TextSendMessage(text=event.message.text))
25
26 if __name__ == '__main__':
27    app.run()
```

程式說明

- 9-10　　設定 Channel secret 及 Channel access token 資訊。
- 12-20　　建立 callback 路由，檢查 LINE Bot 的資料是否正確。
- 22-24　　如果接到使用者傳送的訊息，就將接到的文字訊息傳回。

▌5.1.4 使用 ngrok 建立 https 伺服器

LINE Bot 使用 webhook url 做為伺服器連結，webhook url 有兩個需求：

- 必須是一個網址 (不能是 IP 位址)。
- 通訊協定必須是「https」。

自架網站服務的工程很大，尤其又要建立「https」的通訊協定就更不容易。這裡將採用 ngrok 來建置本機的測試環境。ngrok 是一個代理伺服器，可以為本機網頁伺服器建立一個安全的對外通道，不但可以建立 http 伺服器，也可以建立 https 伺服器，完全符合 LINE Bot 伺服器的需求。

首先到「https://ngrok.com/download」網頁，按 Download for Windows 鈕下載使用者系統的壓縮檔：

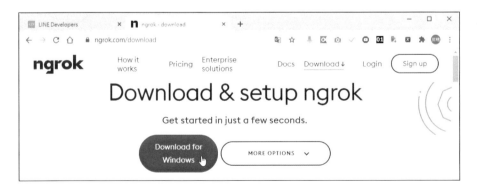

將下載的檔解壓縮後會產生執行檔：<ngrok.exe>，請將它複製到 <linebotTest.py> 程式所在的資料夾。

啟動本機伺服器

執行程式就會啟動內建伺服器，系統會提示伺服器位址為「http://127.0.0.1:5000/」，
特別注意：Flask 伺服器預設的埠位為「5000」。

啟動 ngrok 伺服器

啟動 ngrok 伺服器的語法為：

```
ngrok http 埠位號碼
```

請開啟一個命令提示字元視窗，切換到 <linebotTest.py> 程式所在資料夾，以「ngrok
http 5000」命令啟動 ngrok 伺服器，外部連結到內部的埠位 5000 的服務：

請記錄執行畫面中 https 的網址 (此處為 https://a8beab6ef86c.ngrok.io)。

▌5.1.5 設定 LINE Bot 的 Webhook URL

建立完成 ngrok 伺服器後，要將 LINE Bot 的 Webhook URL 設為 ngrok 伺服器的
https 伺服器網址，LINE Bot 就能回應使用者訊息了！

開啟 LINE Bot 設定頁面 **Messaging API** 頁籤，LINE Bot 預設並未設定 **Webhook
URL** 值，按 **Edit** 鈕更改設定值。

在 **Webhook URL** 欄位輸入「https://ngrok 伺服器 /callback」網址 (此處為 https://a8beab6ef86c.ngrok.io/callback)，然後 **Update** 鈕更新設定值。

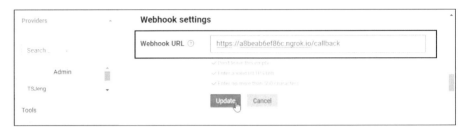

Use webhook 欄位預設值為 **Disabled**，按右方鈕即更改為啟用。

如此就完成建立「鸚鵡」LINE Bot 了！在 LINE 中輸入訊息，LINE Bot 會回應相同訊息。

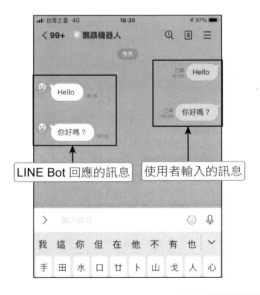

LINE Bot 回應的訊息　使用者輸入的訊息

重設 Webhook URL

ngrok 伺服器重新啟動後，其網址就會改變，因此每次重新啟動 ngrok 伺服器，就必須到 LINE Bot 設定頁面修改 Webhook URL 值。

5.2　LINE Bot API

LINE Bot SDK 提供了許多 API 讓設計者以程式與使用者互動，其中最常使用的就是收到使用者訊息後給予適當的回應。

▌5.2.1　回應訊息基本語法

當使用者傳送訊息給 LINE Bot 時，會觸發 MessageEvent 事件，此處僅處理收到的文字訊息，建立路由的語法為：

```
@handler.add(MessageEvent, message=TextMessage)
```

「message=TextMessage」表示收到的是文字訊息：即只有收到的是文字訊息才由此路由處理。

接著建立處理路由的函式：

```
def 函式名稱(event):
```

參數 event 包含傳回的各項訊息。例如建立的函式名稱為 handle_message：

```
def handle_message(event):
```

通常文字處理程式的第一步是取得使用者傳送的文字，語法為：

```
傳送文字變數 = event.message.text
```

例如取得使用者傳送的文字存於 mtext 變數中。

```
mtext = event.message.text
```

接著根據使用者傳送的文字做適當的處理。綜合以上步驟，LINE Bot 互動功能的基本語法為：

```
@handler.add(MessageEvent, message=TextMessage)
def handle_message(event):
    mtext = event.message.text
        if mtext == 傳送文字一:
            處理程式一
        if mtext == 傳送文字二:
            處理程式二
    ......
```

5.2.2 回傳文字訊息

回傳訊息 (reply_message) 的種類有 Text (文字)、Image (圖片)、Location (位置)、Sticker (貼圖)、Audio (聲音)、Video (影片) 及 Template (樣板) 等。

回傳訊息的語法為：

```
line_bot_api.reply_message(event.reply_token, 訊息種類 )
```

上述語法的「訊息種類」由訊息命令及參數組成，語法為：

```
訊息命令 ( 參數一 = 值一 ， 參數二 = 值二 ， ...)
```

最簡單的回傳訊息是文字，回傳文字訊息的訊息命令為 TextSendMessage，回傳文字訊息的語法為：

```
line_bot_api.reply_message(event.reply_token,
    TextSendMessage(text= 文字訊息內容 ))
```

通常訊息種類的參數不只一個，導致回傳訊息程式碼相當長，會降低程式可讀性，此時可改用下面語法：

```
訊息變數 = 訊息命令 (
    參數一 = 值一 ，
    參數二 = 值二 ，
    ...
)
line_bot_api.reply_message(event.reply_token, 訊息變數 )
```

例如上面的回傳文字訊息程式為：

```
message = TextSendMessage(
    text = 文字訊息內容
)
line_bot_api.reply_message(event.reply_token,message)
```

5.2.3 建立回應訊息 LINE Bot

建立一個具有互動功能 LINE Bot 的步驟為：

1. 在 Line 開發者網站建立一個 Messaging API Channel。

2. 建立一個建立 Flask 程式，並於程式中撰寫互動程式碼。

3. 執行 Flask 程式可啟動本機伺服器，再啟動 ngrok 伺服器，設定 Messaging API Channel 的 Webhook URL 為 ngrok 伺服器網址。

由於建立 LINE Bot 過程略顯繁複，此處將本節所有回應功能置於同一個 LINE Bot 中，以圖文選單來執行各小節的回應功能。

建立 Messaging API Channel

參考前一章操作，建立 ehappyFunc1 LINE Bot，接著加入圖文選單：版型使用「大型」的第一個版型 (六個項目)，圖形請上傳本章範例 <media/func1.png>，六個項目的類型皆選擇「文字」，傳送的文字分別設定為 @ 傳送文字、@ 傳送圖片、@ 傳送貼圖、@ 多項傳送、@ 傳送位置、@ 快速選單。

通常由圖文選單傳送的文字會在前面加上一個特殊字元做為區別，以與使用者自行輸入的文字做為區分，此處在傳送文字前面加上「@」。

建立 Flask 程式

接著建立 Flask 程式 <linebotFunc1.py>，讓 LINE Bot 回應使用者點選圖文選單的各項功能：根據使用者傳送的文字訊息進行處理，先列出處理「@ 傳送文字」的程式碼。

程式碼：**linebotFunc1.py**

```
...
 7 from linebot.models import MessageEvent, TextMessage,
     TextSendMessage, ImageSendMessage, StickerSendMessage,
     LocationSendMessage, QuickReply, QuickReplyButton, MessageAction
...
22 @handler.add(MessageEvent, message=TextMessage)
23 def handle_message(event):
24     mtext = event.message.text
25     if mtext == '@傳送文字':
26         try:
27             message = TextSendMessage(
28                 text = "我是 Linebot，\n您好！"
29             )
30             line_bot_api.reply_message(event.reply_token,message)
31         except:
32             line_bot_api.reply_message(event.reply_token,
                    TextSendMessage(text='發生錯誤！'))
...
```

程式說明

- 7　　　　　匯入各互動功能模組。
- 22-23　　　處理輸入文字訊息。
- 24　　　　　讀取使用者輸入的文字（由圖文選單產生）。
- 25　　　　　如果使用者傳送的文字訊息為「@ 傳送文字」。
- 26-30　　　LINE Bot 回傳文字訊息。
- 31-32　　　LINE Bot 發生錯誤時回傳訊息。

啟動本機及 ngrok 伺服器，然後將 LINE Bot 的
Webhook URL 設為 ngrok 伺服器的 https 伺服器
網址。手機加入 ehappyFunc1 LINE Bot 為朋友，
開啟 ehappyFunc1 LINE Bot 後點選「傳送文字」
圖示的執行結果：

▌5.2.4 回傳圖片訊息

回傳圖片的語法為：

```
訊息變數 = ImageSendMessage(
    original_content_url= 原始圖片網址 ,
    preview_image_url= 預覽圖片網址
)
line_bot_api.reply_message(event.reply_token, 訊息變數 )
```

傳送的圖片通常會先上傳到雲端，再將圖片網址填入上面語法中。

程式碼：linebotFunc1.py（續）

```
...
34 elif mtext == '@傳送圖片':
35     try:
36         message = ImageSendMessage(
37             original_content_url = "https://i.imgur.com/
                   4QfKuz1.png",
38             preview_image_url = "https://i.imgur.com/
                   4QfKuz1.png"
39         )
40         line_bot_api.reply_message(event.reply_token,message)
41     except:
42         line_bot_api.reply_message(event.reply_token,
               TextSendMessage(text='發生錯誤！'))
...
```

程式說明

- 36　　　用 ImageSendMessage() 執行回傳圖片的訊息命令。

- 37-38　設定回傳圖片的參數值，通常原始圖片和預覽圖片相同。

點選「傳送圖片」圖示的執行結果：

▌5.2.5 回傳貼圖訊息

LINE Bot 也可回傳貼圖，回傳貼圖的語法為：

```
訊息變數 = StickerSendMessage(
    package_id=' 套組 id',
    sticker_id=' 貼圖 id'
)
line_bot_api.reply_message(event.reply_token, 訊息變數 )
```

LINE Bot 的貼圖非常多，可連結到「https://devdocs.line.me/files/sticker_list.pdf」
網頁查詢：網頁中的「STKID」為上面語法的「sticker_id」，網頁中的「STKPKGID」
為上面語法的「package_id」。

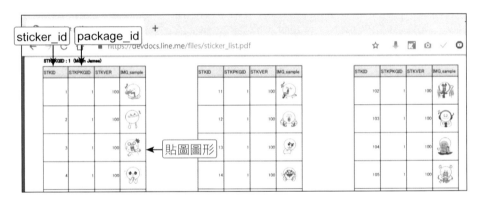

程式碼：linebotFunc1.py （續）

```
...
44 elif mtext == '@傳送貼圖 ':
45     try:
46         message = StickerSendMessage(    #貼圖兩個 id 需查表
47             package_id='1',
48             sticker_id='2'
49         )
50         line_bot_api.reply_message(event.reply_token, message)
51     except:
52         line_bot_api.reply_message(event.reply_token,
                TextSendMessage(text=' 發生錯誤！'))
...
```

程式說明

■ 46-49　　設定傳送貼圖。

點選「傳送貼圖」圖示的執行結果：

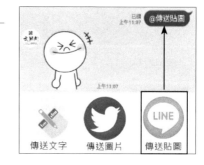

5.2.6 回傳文字、圖片及貼圖訊息

LINE Bot 不只可以回傳單一訊息，也可以一次回傳多個訊息，方法是將訊息變數設為串列，每一個回傳訊息做為串列的元素，語法為：

```
訊息變數 = [
    第一個回傳訊息,
    第二個回傳訊息,
    ...
]
line_bot_api.reply_message(event.reply_token, 訊息變數)
```

例如下面範例同時傳送文字、圖片及貼圖。

程式碼：linebotFunc1.py（續）

```
...
54 elif mtext == '@多項傳送':
55     try:
56         message = [  #串列
57             StickerSendMessage(  #傳送貼圖
58                 package_id='1',
59                 sticker_id='2'
60             ),
61             TextSendMessage(  #傳送文字
62                 text = "這是 Pizza 圖片！"
63             ),
64             ImageSendMessage(  #傳送圖片
65                 original_content_url = "https://i.imgur.com/4QfKuz1.png",
66                 preview_image_url = "https://i.imgur.com/4QfKuz1.png"
67             )
68         ]
69         line_bot_api.reply_message(event.reply_token,message)
```

```
70      except:
71          line_bot_api.reply_message(event.reply_token,
                TextSendMessage(text=' 發生錯誤！'))
...
```

程式說明

- ■ 56　　　設定傳送的訊息是串列。
- ■ 57-67　　分別傳送貼圖、文字及圖片。

點選「多項傳送」圖示的執行結果：

▎5.2.7 回傳位置訊息

回傳位置訊息是顯示指定經緯度的 Google 地圖，其語法為：

```
訊息變數 = LocationSendMessage(
    title= 標題 ,
    address= 地址 ,
    latitude= 緯度
    longitude= 經度
)
line_bot_api.reply_message(event.reply_token, 訊息變數 )
```

標題及地址是字串，緯度及經度是浮點數。

程式碼：linebotFunc1.py（續）

```
...
73 elif mtext == '@傳送位置':
74     try:
75         message = LocationSendMessage(
76             title='101大樓',
77             address='台北市信義路五段7號',
78             latitude=25.034207,  #緯度
79             longitude=121.564590  #經度
80         )
81         line_bot_api.reply_message(event.reply_token, message)
82     except:
83         line_bot_api.reply_message(event.reply_token,
            TextSendMessage(text='發生錯誤！'))
...
```

程式說明

■ 75　　　回傳位置的訊息命令為「LocationSendMessage」。

■ 76-79　　設定回傳位置的參數值：台北 101 大樓。

點選「傳送位置」圖示的執行結果：點選傳回的地圖可開啟 Google 地圖，可任意移動或縮放地圖。

5.2.8 快速選單

快速選單提供一系列選項讓使用者選取，選項可以是文字、位置、日期等，最常使用的選項為文字，最多可提供 13 個選項。

文字選項快速選單的語法為：

```
訊息變數 = TextSendMessage(
    text= 提示文字 ,
    quick_reply=QuickReply(
        items=[
            QuickReplyButton(
                action=MessageAction(label= 顯示值一 , text= 選取值一 )
            ),
            QuickReplyButton(
                action=MessageAction(label= 顯示值二 , text= 選取值二 )
            ),
            ...
        ]
    )
)
line_bot_api.reply_message(event.reply_token, 訊息變數 )
```

上面語法中的「顯示值」是顯示於快速選單的文字，「選取值」是使用者選按該選項回傳的文字。通常會將顯示值及選取值設為相同。

程式碼：linebotFunc1.py （續）

```
...
85 if mtext == '@ 快速選單 ':
86     try:
87         message = TextSendMessage(
88             text=' 請選擇最喜歡的程式語言 ',
89             quick_reply=QuickReply(
90                 items=[
91                     QuickReplyButton(
92                         action=MessageAction(label="Python",
                                text="Python")
93                     ),
94                     QuickReplyButton(
95                         action=MessageAction(label="Java",
                                text="Java")
96                     ),
```

```
97                     QuickReplyButton(
98                         action=MessageAction(label="C#",
                                text="C#")
99                     ),
100                    QuickReplyButton(
101                        action=MessageAction(label="Basic",
                                text="Basic")
102                    ),
103               ]
104           )
105       )
106       line_bot_api.reply_message(event.reply_token,message)
107   except:
108       line_bot_api.reply_message(event.reply_token,
                TextSendMessage(text=' 發生錯誤！'))
...
```

程式說明

- ▓ 88　　　　設定提示文字。
- ▓ 91-102　　設定四個快速選單選項。

點選「快速選單」圖示的執行結果：點選快速選單的選項，會傳回被點選選項的選取值。

5.3 回應多媒體訊息

聲音及影片是 LINE 中常使用的訊息方式。根據調查，LINE 是年長者最常使用的社群軟體，許多長者不擅打字，聲音及影片是長者最喜愛的訊息方式。

■5.3.1 回傳聲音訊息

請在 LINE 開發者頁面建立 ehappyFunc2 LINE Bot，接著加入圖文選單：版型使用「小型」的第四個版型 (兩個項目)，圖片上傳範例資料夾 <media/func2.png>，兩個項目的類型皆選擇「文字」，傳送的文字分別設定為「@ 傳送聲音」及「@ 傳送影片」。接著建立 Flask 程式 <linebotFunc2.py>，讓 LINE Bot 回應使用者點選圖文選單的各項功能。

回傳聲音訊息的語法為：

```
訊息變數 = AudioSendMessage(
    original_content_url= 聲音檔網址
    duration= 時間長度
)
line_bot_api.reply_message(event.reply_token, 訊息變數 )
```

聲音檔案必須在一分鐘以下、檔案大小小於 10M，檔案格式為「M4A」。

「聲音檔網址」的條件是必須使用 https 的通訊協定，簡單來說就是「網址以 https 開頭，M4A 結尾」，如果想放在免費的雲端檔案空間是較難符合這個條件，因此只好將聲音檔置於 <linebotFunc2.py> 程式所在資料夾的 <static> 資料夾中，再使用 ngrok 伺服器網址來設定此資料夾。例如 ngrok 伺服器網址為「https://9c156f6eacf0.ngrok.io」，聲音檔名為 mario.m4a，則聲音檔網址為：

```
https://9c156f6eacf0.ngrok.io/static/mario.m4a
```

「時間長度」的單位為毫秒。

本章範例已將聲音檔案 <mario.m4a> 置於 <static> 資料夾中，讀者可直接使用。

回傳聲音訊息的程式為：

程式碼：linebotFunc2.py

```
......
 7 from linebot.models import MessageEvent, TextMessage,
      TextSendMessage, AudioSendMessage, VideoSendMessage
......
22 baseurl = ' 你的 NGROK 網址 /static/'   #靜態檔案網址
23
24 @handler.add(MessageEvent, message=TextMessage)
25 def handle_message(event):
26     mtext = event.message.text
27     if mtext == '@傳送聲音':
28         try:
29             message = AudioSendMessage(
30                 original_content_url=baseurl + 'mario.m4a',
                      #聲音檔置於 static 資料夾
31                 duration=20000   #聲音長度 20 秒
32             )
33             line_bot_api.reply_message(event.reply_token, message)
34         except:
35             line_bot_api.reply_message(event.reply_token,
                  TextSendMessage(text=' 發生錯誤！'))
```

程式說明

- 7　　　匯入各互動功能模組。

- 22　　　需修改為使用者的 ngrok 伺服器網址。

- 29　　　回傳聲音的訊息命令為「AudioSendMessage」。

- 30　　　聲音檔網址為 ngrok 伺服器網址加上聲音檔案名稱。

- 31　　　若聲音長度設定準確，播放時可顯示正確播放剩餘時間。有許多情況無法得知聲音長度，例如將文字翻譯為語言時，傳回的聲音檔長度會隨文字多寡而不同，如果聲音長度設定不正確，不會影響聲音檔的播放，只是顯示的剩餘時間不正確而已。

點選「傳送聲音」圖示的執行結果：點選聲音訊息就會播放聲音檔。

5.3.2 回傳影片訊息

回傳影片訊息的語法為：

```
訊息變數 = VideoSendMessage(
    original_content_url=影片檔網址
    preview_image_url=預覽圖片網址
)
line_bot_api.reply_message(event.reply_token, 訊息變數)
```

影片檔案必須在一分鐘以下、檔案大小小於 10M，檔案格式為「MP4」。

與回傳聲音訊息相同，「影片檔網址」的條件為「網址是 https 開頭，MP4 結尾」：將影片檔置於 <linebotFunc2.py> 程式所在資料夾的 <static> 資料夾中，再使用 ngrok 伺服器網址來設定此資料夾。例如 ngrok 伺服器網址為「https://9c156f6eacf0.ngrok.io」，影片檔名為 robot.mp4，則影片檔網址為：

```
https://9c156f6eacf0.ngrok.io/static/robot.mp4
```

回傳影片訊息的程式為：

程式碼：**linebotFunc2.py** （續）

```
......
37      elif mtext == '@傳送影片':
38          try:
39              message = VideoSendMessage(
40                  original_content_url=baseurl + 'robot.mp4',
                        #影片檔置於 static 資料夾
41                  preview_image_url=baseurl + 'robot.jpg'
42              )
43              line_bot_api.reply_message(event.reply_token, message)
44          except:
45              line_bot_api.reply_message(event.reply_token,
                    TextSendMessage(text='發生錯誤！'))
```

程式說明

- 39　　回傳影片的訊息命令為「VideoSendMessage」。

- 40　　影片檔網址為 ngrok 伺服器網址加上影片檔案名稱。

- 41　　預覽圖片網址為 ngrok 伺服器網址加上預覽圖片檔案名稱。

點選「傳送影片」圖示的執行結果：點選影片就會播放影片檔。

06

LINE Bot 進階互動功能

6.1　回應樣板訊息

回應的訊息如果只能傳送文字、圖形、位置等資料，不但畫面顯得單調，也太為侷限與使用者的互動方式。LINE Bot 可以使用樣板組合多種回應模式，並且內建了四種樣板，使用者可以直接套用，讓 LINE Bot 界面更為多樣化，也大幅增加與使用者互動的彈性。

▌6.1.1　按鈕樣板 (Button Template)

本節範例：在 LINE 開發者頁面建立 ehappyFunc3 LINE Bot，加入圖文選單：版型使用「大型」的第二個版型 (四個項目)，圖形上傳本章範例 <media/func3.png>，四個項目的類型皆選擇「文字」，傳送的文字分別設定為 @ 按鈕樣板、@ 確認樣板、@ 轉盤樣板及 @ 圖片轉盤。接著建立 Flask 程式 <linebotFunc3.py>，讓 LINE Bot 回應使用者點選圖文選單的各項功能。

按鈕樣板是回應樣板訊息中最常使用的樣板：它結合了圖片、文字及讓使用者點選的按鈕，並能在使用者點選按鈕後做適當的回應處理。

按鈕樣板的基本語法為：

```
訊息變數 = TemplateSendMessage(
        alt_text= 取代文字 ,
        template=ButtonsTemplate(
            thumbnail_image_url= 圖片網址 ,
            title= 主標題 ( 字型較大 ),
            text= 說明文字 ( 字型較小 ),
            actions=[
                按鈕元件一 ,
                按鈕元件二 ,
                ......
            ]
        )
    )
```

- **TemplateSendMessage**：回應樣板訊息的訊息命令。

- **alt_text**：在不支援樣板訊息的裝置中，會顯示此設定文字。

- **template=ButtonsTemplate**：使用按鈕樣板。

- **thumbnail_image_url**：顯示圖片的網址。

- **title**：主要標題文字，其字型較大，粗體。

- **text**：說明文字，其字型較小。

- **actions**：是一個串列，串列元素就是按鈕。每個按鈕樣板最多可以有四個按鈕，即 actions 最多有四個元素。

- **按鈕元件一、按鈕元件二、……**：按鈕。

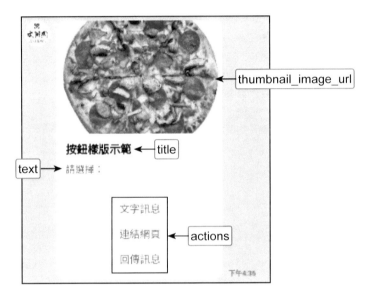

按鈕樣板中的按鈕元件有四種：文字按鈕 (MessageTemplateAction)、連結按鈕 (URITemplateAction)、回傳按鈕 (PostbackTemplateAction) 及時間按鈕 (DatetimePickerTemplateAction)。時間按鈕將在下一節說明。

文字按鈕 (MessageTemplateAction)

文字按鈕會回傳文字訊息，語法為：

```
MessageTemplateAction(
    label= 按鈕文字 ,
    text= 回傳文字
)
```

例如設定按鈕文字為「文字訊息」，回傳文字為「@ 購買披薩」：

```
MessageTemplateAction(
    label=' 文字訊息 ',
    text='@ 購買披薩 '
)
```

執行結果為：

設計者可以根據回傳值「@ 購買披薩」做後續處理，例如回應使用者已收到訊息，會盡快製作披薩：

```
if mtext == '@ 購買披薩 ':
    message = TextSendMessage(
        text = ' 感謝您購買披薩，我們將盡快為您製作。'
    )
    line_bot_api.reply_message(event.reply_token, message)
```

執行結果為：

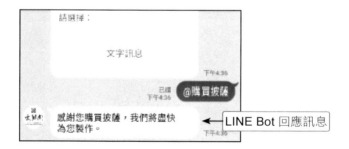

連結按鈕 (URITemplateAction)

連結按鈕會開啟指定的網頁，語法為：

```
URITemplateAction(
    label= 按鈕文字 ,
    uri= 網址
```

```
)
```

例如設按鈕文字為「連結網頁」，使用者點選會開啟文淵閣工作室網頁：

```
URITemplateAction(
    label=' 連結網頁 ',
    uri='http://www.e-happy.com.tw'
)
```

回傳按鈕 (PostbackTemplateAction)

回傳按鈕除了可以回傳文字訊息外，還可以回傳一個 Postback 資料，語法為：

```
PostbackTemplateAction(
    label= 按鈕文字 ,
    text= 回傳文字 ,
    data=Postback 資料
),
```

label 及 text 與文字按鈕相同，「Postback 資料」的格式與網址列附加的參數雷同，
語法為：

名稱一 = 值一 & 名稱二 = 值二 &……

Postback 資料不會在 LINE 中顯示。

相較於文字按鈕，回傳按鈕有兩個優點：文字按鈕的回傳文字會在 LINE 中顯示，總
覺得是個累贅，通常使用者不需要看到回傳的文字訊息，若在回傳按鈕中省略「text」
參數，只使用「data」參數，則不會回傳文字訊息。另一個優點則是可以回傳多個資
料 (文字按鈕只能回傳一個文字訊息)。

例如設定按鈕文字為「回傳訊息」，Postback 資料為「action=buy」(未使用 text 參數)：

```
PostbackTemplateAction(
    label=' 回傳訊息 ',
    data='action=buy'
),
```

回傳按鈕的缺點是其處理程序較為複雜：使用點選回傳按鈕會觸發 Postback 事件，
後續動作必須在 Postback 事件中處理。

```
1  @handler.add(PostbackEvent)
2  def handle_postback(event):
3      backdata = dict(parse_qsl(event.postback.data))
4      if backdata.get('action') == 'buy':
5          message = TextSendMessage(
6              text = '感謝您購買披薩，我們將盡快為您製作。'
7          )
8          line_bot_api.reply_message(event.reply_token, message)
```

程式說明

- **1-2** 處理 Postback 事件。

- **3** 讀取 Postback 資料存於 backdata 變數。

- **4** 「backdata.get('action')」為讀取 Postback 資料中名稱為「action」項目的值。

- **5-8** 回傳文字訊息。

使用者按回傳按鈕的執行結果為：

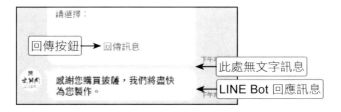

<linebotFunc3.py> 檢查圖文選單傳送文字的程式碼為：

程式碼：linebotFunc3.py

```
......
 8 from urllib.parse import parse_qsl
......
23 @handler.add(MessageEvent, message=TextMessage)
24 def handle_message(event):
25     mtext = event.message.text
26     if mtext == '@按鈕樣板':
27         sendButton(event)
28
29     elif mtext == '@確認樣板':
30         sendConfirm(event)
31
```

```
32        elif mtext == '@轉盤樣板 ':
33            sendCarousel(event)
34
35        elif mtext == '@圖片轉盤 ':
36            sendImgCarousel(event)
37
38        elif mtext == '@購買披薩 ':
39            sendPizza(event)
40
41        elif mtext == '@yes':
42            sendYes(event)
43
44  @handler.add(PostbackEvent)    #PostbackTemplateAction 觸發此事件
45  def handle_postback(event):
46        backdata = dict(parse_qsl(event.postback.data)) # 取得 Postback 資料
47        if backdata.get('action') == 'buy':
48            sendBack_buy(event, backdata)
49        elif backdata.get('action') == 'sell':
50            sendBack_sell(event, backdata)
......
```

程式說明

- 8,46-47　第 8 列「parse_qsl」模組可解析 URL 網址及參數，46 列以 parse_qsl 解析 Postback 資料並轉換為字典，故 47 列以「backdata.get('action')」取得 Postback 資料名稱為「action」的值。
- 26-36　根據圖文選單傳送的文字執行對應的功能函式。
- 38-39　設定使用者點選按鈕樣板中文字按鈕執行的函式。
- 41-42　設定使用者點選確認樣板中「是」按鈕執行的函式。
- 44-50　設定使用者點選 Postback 按鈕執行對應的函式。

關於按鈕樣板的程式：

程式碼：linebotFunc3.py（續）

```
......
52  def sendButton(event):   # 按鈕樣版
53        try:
54            message = TemplateSendMessage(
55                alt_text=' 按鈕樣板 ',
56                template=ButtonsTemplate(
57                    thumbnail_image_url='https://i.imgur.com/
```

```
                       4QfKuz1.png',  #顯示的圖片
58                   title=' 按鈕樣版示範 ',  #主標題
59                   text=' 請選擇 : ',  #副標題
60                   actions=[
61                       MessageTemplateAction(  #顯示文字計息
62                           label=' 文字訊息 ',
63                           text='@ 購買披薩 '
64                       ),
65                       URITemplateAction(  #開啟網頁
66                           label=' 連結網頁 ',
67                           uri='http://www.e-happy.com.tw'
68                       ),
69                       PostbackTemplateAction(  #執行 Postback 功能 ,
                           觸發 Postback 事件
70                           label=' 回傳訊息 ',  #按鈕文字
71                           #text='@ 購買披薩 ',  #顯示文字訊息
72                           data='action=buy'  #Postback 資料
73                       ),
74                   ]
75               )
76           )
77       line_bot_api.reply_message(event.reply_token, message)
78   except:
79       line_bot_api.reply_message(event.reply_token,
               TextSendMessage(text=' 發生錯誤 ! '))
......
181 def sendPizza(event):
182     try:
183         message = TextSendMessage(
184             text = ' 感謝您購買披薩，我們將盡快為您製作。'
185         )
186         line_bot_api.reply_message(event.reply_token, message)
187     except:
188         line_bot_api.reply_message(event.reply_token,
               TextSendMessage(text=' 發生錯誤 ! '))
......
199 def sendBack_buy(event, backdata):  #處理 Postback
200     try:
201         text1 = ' 感謝您購買披薩，我們將盡快為您製作。\n
               (action 的值為 ' + backdata.get('action') + ')'
202         text1 += '\n( 可將處理程式寫在此處。)'
203         message = TextSendMessage(  #傳送文字
```

```
204                text = text1
205            )
206        line_bot_api.reply_message(event.reply_token, message)
207    except:
208        line_bot_api.reply_message(event.reply_token,
                   TextSendMessage(text='發生錯誤！'))
......
```

程式說明

- ▨ 52-79 處理按鈕樣板的函式。
- ▨ 54 「TemplateSendMessage」是回傳樣板訊息的訊息命令。
- ▨ 56 「template=ButtonsTemplate」為使用按鈕樣板。
- ▨ 60-74 建立按鈕元件串列，最多可以有四個按鈕。
- ▨ 61-64 建立文字按鈕。
- ▨ 65-68 建立連結按鈕。
- ▨ 69-73 建立回傳按鈕。通常會省略「text」參數，若將 71 列移除註解，將會在 LINE 中顯示文字訊息。
- ▨ 181-188 使用者按文字按鈕的處理函式。
- ▨ 183-186 傳回文字訊息。
- ▨ 199-208 使用者按回傳按鈕的處理函式。
- ▨ 201-206 傳回文字訊息。

使用者按圖文選單中按鈕樣板的執行結果：

▲ 點選按鈕樣板   ▲ 點選連結網頁按鈕

▲ 點選文字訊息按鈕

▲ 點選回傳訊息按鈕

▌6.1.2 確認樣板 (Confirm Template)

應用程式常會有許多較重要的操作需要使用者再次確認,例如刪除資料、購買訂單等,以免使用者不小心點選按鈕造成重大損失。確認樣板會顯示確定、取消等按鈕讓使用者可以再次確認操作的正確性 (按鈕文字可自訂),在使用者點選按鈕後做適當的回應處理。

確認樣板的基本語法為:

```
訊息變數 = TemplateSendMessage(
        alt_text= 取代文字 ,
        template=ConfirmTemplate(
            text= 提示文字
            actions=[
                按鈕元件一 ,
                按鈕元件二 ,
                ……
            ]
        )
    )
```

文字按鈕、連結按鈕及回傳按鈕三種按鈕皆可使用,不過大部分設計者是使用文字按鈕。

關於確認樣板的程式碼為：

程式碼：linebotFunc3.py（續）

```
......
29     elif mtext == '@確認樣板':
30         sendConfirm(event)
......
41     elif mtext == '@yes':
42         sendYes(event)
......
81 def sendConfirm(event):    #確認樣板
82     try:
83         message = TemplateSendMessage(
84             alt_text='確認樣板',
85             template=ConfirmTemplate(
86                 text='你確定要購買這項商品嗎？',
87                 actions=[
88                     MessageTemplateAction(    #按鈕選項
89                         label='是',
90                         text='@yes'
91                     ),
92                     MessageTemplateAction(
93                         label='否',
94                         text='@no'
95                     )
96                 ]
97             )
98         )
99         line_bot_api.reply_message(event.reply_token, message)
100    except:
101        line_bot_api.reply_message(event.reply_token,
               TextSendMessage(text='發生錯誤！'))
......
190 def sendYes(event):
191    try:
192        message = TextSendMessage(
193            text='感謝您的購買，\n我們將盡快寄出商品。',
194        )
195        line_bot_api.reply_message(event.reply_token, message)
196    except:
197        line_bot_api.reply_message(event.reply_token,
               TextSendMessage(text='發生錯誤！'))
......
```

程式說明

- ▣ 41-42　設定使用者點選確認樣板中「是」按鈕執行的函式。此處只有點選「是」按鈕執行的函式，沒有點選「否」按鈕執行的函式，表示使用者點選「否」按鈕時不執行任何程式。

- ▣ 81-101　處理確認樣板的函式。

- ▣ 85　　　「template=ConfirmTemplate」為使用確認樣板。

- ▣ 88-91　建立「是」按鈕。

- ▣ 92-95　建立「否」按鈕。

- ▣ 190-197 使用者按「是」按鈕的處理函式：回傳文字訊息。

使用者按圖文選單中確認樣板的執行結果：

▌6.1.3 轉盤樣板 (Carousel Template)

轉盤樣板是多個按鈕樣板的結合，由於一個按鈕樣板的寬度已佔據手機大半螢幕，因此轉盤樣板將多個按鈕樣板並排顯示，使用者滑動按鈕樣板切換不同按鈕樣板。

轉盤樣板的基本語法為：

```
訊息變數 = TemplateSendMessage(
        alt_text=取代文字,
        template=CarouselTemplate(
            columns=[
                CarouselColumn(
                    按鈕樣板一
                ),
                CarouselColumn(
                    按鈕樣板二
                ),
```

......
             ]
)
)

關於轉盤樣板的程式碼為：

程式碼：linebotFunc3.py（續）

```
......
32    elif mtext == '@轉盤樣板 ':
33        sendCarousel(event)
......
44 @handler.add(PostbackEvent)   #PostbackTemplateAction 觸發此事件
45 def handle_postback(event):
46     backdata = dict(parse_qsl(event.postback.data)) # 取得 Postback 資料
......
49    elif backdata.get('action') == 'sell':
50        sendBack_sell(event, backdata)
......
103 def sendCarousel(event):  # 轉盤樣板
104    try:
105        message = TemplateSendMessage(
106            alt_text=' 轉盤樣板 ',
107            template=CarouselTemplate(
108                columns=[
109                    CarouselColumn(
110                        thumbnail_image_url='https://
                            i.imgur.com/4QfKuz1.png',
111                    title=' 這是樣板一 ',
112                    text=' 第一個轉盤樣板 ',
113                    actions=[
114                        MessageTemplateAction(
115                            label=' 文字訊息一 ',
116                            text=' 賣披薩 '
117                        ),
118                        URITemplateAction(
119                            label=' 連結文淵閣網頁 ',
120                            uri='http://www.e-happy.com.tw'
121                        ),
122                        PostbackTemplateAction(
123                            label=' 回傳訊息一 ',
124                            data='action=sell&item= 披薩 '
```

```
125                                  ),
126                              ]
127                          ),
128                          CarouselColumn(
129                              thumbnail_image_url='https://
                                      i.imgur.com/qaAdBkR.png',
130                              title=' 這是樣板二 ',
131                              text=' 第二個轉盤樣板 ',
132                              actions=[
133                                  MessageTemplateAction(
134                                      label=' 文字訊息二 ',
135                                      text=' 賣飲料 '
136                                  ),
137                                  URITemplateAction(
138                                      label=' 連結台大網頁 ',
139                                      uri='http://www.ntu.edu.tw'
140                                  ),
141                                  PostbackTemplateAction(
142                                      label=' 回傳訊息二 ',
143                                      data='action=sell&item= 飲料 '
144                                  ),
145                              ]
146                          )
147                      ]
148                  )
149          )
150      line_bot_api.reply_message(event.reply_token,message)
151  except:
152      line_bot_api.reply_message(event.reply_token,
             TextSendMessage(text=' 發生錯誤！ '))
......
210 def sendBack_sell(event, backdata):  # 處理 Postback
211     try:
212         message = TextSendMessage(  # 傳送文字
213             text = ' 點選的是賣 ' + backdata.get('item')
214         )
215         line_bot_api.reply_message(event.reply_token, message)
216     except:
217         line_bot_api.reply_message(event.reply_token,
                TextSendMessage(text=' 發生錯誤！ '))
......
```

程式說明

- 49-50 　我們將轉盤樣板中 Postback 資料的「action」值設為「sell」做為與按鈕樣板的區別。(按鈕樣板設為「buy」)

- 103-152 處理轉盤樣板的函式。

- 107 　　「template=CarouselTemplate」為使用轉盤樣板。

- 108 　　columns 參數是一個串列,串列元素為按鈕樣板。

- 109-127 建立第一個按鈕樣板。

- 128-146 建立第二個按鈕樣板。

- 210-217 使用者點選回傳按鈕的處理函式:回傳文字訊息。

- 213 　　由於有兩個回傳按鈕,可由「backdata.get('item')」取得 Postback 資料的「item」值來區別是點選哪一個回傳按鈕。

使用者按圖文選單中轉盤樣板的執行結果:

6.1.4 圖片轉盤樣板 (ImageCarousel Template)

圖片轉盤樣板與轉盤樣板雷同,只是轉盤的的元素不是按鈕樣板,而是一張圖片,圖片本身就是按鈕,使用者點選後可回傳文字訊息或回傳 Postback 資料。

圖片轉盤樣板的基本語法為：

```
訊息變數 = TemplateSendMessage(
        alt_text= 取代文字 ,
        template=ImageCarouselTemplate(
            columns=[
                ImageCarouselColumn(
                    thumbnail_image_url= 圖片網址一
                    action= 按鈕元件一
                ),
                ImageCarouselColumn(
                    thumbnail_image_url= 圖片網址二
                    action= 按鈕元件二
                ),
                ......
            ]
        )
    )
```

「ImageCarouselColumn」定義一個轉盤圖片，其中「action」可以是文字按鈕或回傳按鈕，按鈕的「label」參數值會顯示於圖片上，使用者點選圖片會執行按鈕設定的程式碼。

關於圖片轉盤樣板的程式碼：

程式碼：linebotFunc3.py（續）

```
......
154 def sendImgCarousel(event):  # 圖片轉盤
155     try:
156         message = TemplateSendMessage(
157             alt_text=' 圖片轉盤樣板 ',
158             template=ImageCarouselTemplate(
159                 columns=[
160                     ImageCarouselColumn(
161                         image_url='https://i.imgur.com/4QfKuz1.png',
162                         action=MessageTemplateAction(
163                             label=' 文字訊息 ',
164                             text=' 賣披薩 '
165                         )
166                     ),
167                     ImageCarouselColumn(
168                         image_url=
                                'https://i.imgur.com/qaAdBkR.png',
```

```
169                          action=PostbackTemplateAction(
170                              label=' 回傳訊息 ',
171                              data='action=sell&item= 飲料 '
172                          )
173                      )
174                  ]
175              )
176          )
177      line_bot_api.reply_message(event.reply_token,message)
178      except:
179          line_bot_api.reply_message(event.reply_token,
                  TextSendMessage(text=' 發生錯誤！'))
......
```

程式說明

- 158 「template=ImageCarouselTemplate」為使用轉盤樣板。

- 160-166 建立第一張圖片按鈕。

- 167-173 建立第二張圖片按鈕。

使用者按圖文選單中轉盤樣板的執行結果：

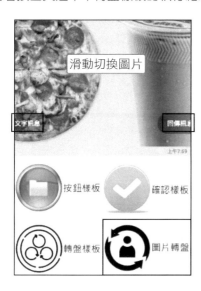

6.2　圖片地圖及日期時間

圖片地圖是點選圖片的特定區域就會執行指定功能，日期時間功能則會顯示圖形化日期及時間界面讓使用者選取日期及時間。

6.2.1　圖片地圖

本節範例：在 LINE 開發者頁面建立 ehappyFunc4 LINE Bot，加入圖文選單：版型使用「小型」的第四個版型 (兩個項目)，圖形上傳本章範例 <media/func4.png>，兩個項目的類型皆選擇「文字」，傳送的文字分別設定為 @ 圖片地圖及 @ 日期時間。接著建立 Flask 程式 <linebotFunc4.py>，讓 LINE Bot 回應使用者點選圖文選單的各項功能。

圖片地圖功能讓設計者指定圖片上一個矩形區域，使用者點按該矩形區域就會執行設計者撰寫的程式碼。

建立圖片地圖的語法為：

```
訊息變數 = ImagemapSendMessage(
    base_url= 圖片網址 ,
    alt_text= 替代文字 ,
    base_size=BaseSize(height= 圖片高度 , width= 圖片寬度 ),
    actions=[
        圖片地圖按鈕一 ,
        圖片地圖按鈕二 ,
        ......
    ]
)
```

「base_url」為圖片的儲存雲端空間網址，請特別注意：用於圖片地圖功能的圖片，其寬度需為 1040 pixel 才能在手機正常顯示。

每一個「圖片地圖按鈕」定義一個圖片區域，圖片地圖按鈕有兩種：文字圖片地圖按鈕 (MessageImagemapAction) 及連結圖片地圖按鈕 (URIImagemapAction)。

文字圖片地圖按鈕 (MessageImagemapAction)

使用者點選文字圖片地圖按鈕會回傳文字訊息,語法為:

```
MessageImagemapAction(
    text= 回傳文字訊息內容 ,
    area=ImagemapArea(
        x= 矩形左上角 X 坐標 ,
        y= 矩形左上角 Y 坐標 ,
        width= 矩形寬度 ,
        height= 矩形高度
    )
),
```

連結圖片地圖按鈕 (URIImagemapAction)

使用者點選連結圖片地圖按鈕就會開啟指定的網頁,語法為:

```
URIImagemapAction(    # 開啟網頁
    link_uri= 要開啟網頁的網址 ,
    area=ImagemapArea(
        x= 矩形左上角 X 坐標 ,
        y= 矩形左上角 Y 坐標 ,
        width= 矩形寬度 ,
        height= 矩形高度
    )
),
```

關於圖片地圖的程式碼為:

程式碼:linebotFunc4.py

```
......
24 @handler.add(MessageEvent, message=TextMessage)
25 def handle_message(event):
26     mtext = event.message.text
27     if mtext == '@圖片地圖 ':
28         sendImgmap(event)
......
39 def sendImgmap(event):   # 圖片地圖
40     try:
41         image_url = 'https://i.imgur.com/Yz2yzve.jpg'    # 圖片位址
42         imgwidth = 1040   # 原始圖片寬度一定要 1040
```

```
43          imgheight = 300
44          message = ImagemapSendMessage(
45              base_url=image_url,
46              alt_text="圖片地圖範例",
47              base_size=BaseSize(height=imgheight,
                    width=imgwidth),   #圖片寬及高
48              actions=[
49                  MessageImagemapAction(   #顯示文字訊息
50                      text='你點選了紅色區塊！',
51                      area=ImagemapArea(   #設定圖片範圍：左方1/4區域
52                          x=0,
53                          y=0,
54                          width=imgwidth*0.25,
55                          height=imgheight
56                      )
57                  ),
58                  URIImagemapAction(   #開啟網頁
59                      link_uri='http://www.e-happy.com.tw',
60                      area=ImagemapArea(   #右方1/4區域（藍色1）
61                          x=imgwidth*0.75,
62                          y=0,
63                          width=imgwidth*0.25,
64                          height=imgheight
65                      )
66                  ),
67              ]
68          )
69          line_bot_api.reply_message(event.reply_token, message)
70      except:
71          line_bot_api.reply_message(event.reply_token,
                TextSendMessage(text='發生錯誤！'))
......
```

程式說明

- 41   用於圖片地圖的圖片雲端空間網址。

- 42   圖片寬度必須為 1040。

- 44   圖片地圖的訊息命令為「ImagemapSendMessage」。

- 48   actions 參數是一個串列，元素為圖片地圖設定的區域。

- 49-57   建立文字圖片地圖按鈕。

- 50   設定回傳的文字訊息。

- ▨ 51-56   設定左方四分之一區域 （即下圖中的紅色方塊）。
- ▨ 58-66   建立連結圖片地圖按鈕。
- ▨ 59   設定要開啟的網頁。
- ▨ 60-65   設定右方四分之一區域（即下圖中的藍色方塊）。

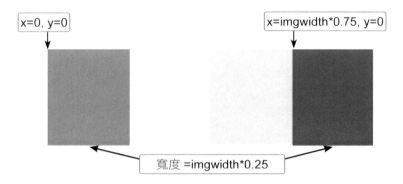

使用者按圖文選單中圖片地圖的執行結果：點選紅色區塊會回傳「你點選了紅色區塊！」，點選藍色區塊會開啟指定網頁，點選黃色或綠色區塊將沒有任何反應。

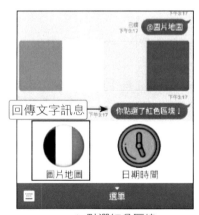

▲ 點選紅色區塊

▲ 點選藍色區塊

▌ 6.2.2 日期時間

日期時間按鈕是屬於回應樣板訊息的按鈕元件，包含日期、時間及日期時間模式。

建立日期時間按鈕的語法為：

```
DatetimePickerTemplateAction(
    label= 按鈕文字 ,
    data=Postback 資料 ,
    mode= 模式
    initial= 初始值
    min= 最小值
    max= 最大值
)
```

- **label**：顯示於按鈕的文字。

- **data**：日期時間按鈕會自動觸發 Postback 事件，此參數為 Postback 事件傳送的 Postback 資料。

- **mode**：日期時間模式。有三種模式：date (日期模式)、time (時間模式)、datetime (日期時間模式)。

- **initial**：日期時間初始值，開啟日期時間圖形界面時顯示的日期時間。
  不同模式的日期時間格式如下：
  日期模式：「YYYY-mm-DD」，例如「2020-10-01」。(mm 為月份)
  時間模式：「HH:MM」，例如「16:05」。(MM 為分鐘)
  日期時間模式：「YYYY-mm-DDTHH:MM」，例如「2020-10-01T16:05」。

- **min**：日期時間最小值，即可以選取的最小日期時間。

- **max**：日期時間最大值，即可以選取的最大日期時間。

本範例是以按鈕樣板示範三種日期時間模式的使用方法，關於日期時間的程式碼為：

程式碼：linebotFunc4.py（續）

```
......
 9 import datetime
......
30     elif mtext == '@ 日期時間 ':
31         sendDatetime(event)
32
33 @handler.add(PostbackEvent)  #PostbackTemplateAction 觸發此事件
```

```python
34 def handle_postback(event):
35     backdata = dict(parse_qsl(event.postback.data)) # 取得 data 資料
36     if backdata.get('action') == 'sell':
37         sendData_sell(event, backdata)
......
43 73 def sendDatetime(event):   # 日期時間
74     try:
75         message = TemplateSendMessage(
76             alt_text=' 日期時間範例 ',
77             template=ButtonsTemplate(
78                 thumbnail_image_url='https://i.imgur.com/VxVB46z.jpg',
79                 title=' 日期時間示範 ',
80                 text=' 請選擇：',
81                 actions=[
82                     DatetimePickerTemplateAction(
83                         label=" 選取日期 ",
84                         data="action=sell&mode=date", # 觸發 postback 事件
85                         mode="date",   # 選取日期
86                         initial="2020-10-01",   # 顯示初始日期
87                         min="2020-10-01",   # 最小日期
88                         max="2021-12-31"   # 最大日期
89                     ),
90                     DatetimePickerTemplateAction(
91                         label=" 選取時間 ",
92                         data="action=sell&mode=time",
93                         mode="time",   # 選取時間
94                         initial="10:00",
95                         min="00:00",
96                         max="23:59"
97                     ),
98                     DatetimePickerTemplateAction(
99                         label=" 選取日期時間 ",
100                         data="action=sell&mode=datetime",
101                         mode="datetime",   # 選取日期時間
102                         initial="2020-10-01T10:00",
103                         min="2020-10-01T00:00",
104                         max="2021-12-31T23:59"
105                     )
106                 ]
107             )
108         )
109         line_bot_api.reply_message(event.reply_token,message)
```

```
110     except:
111         line_bot_api.reply_message(event.reply_token,
                TextSendMessage(text=' 發生錯誤！'))
112
113 def sendData_sell(event, backdata):   #Postback, 顯示日期時間
114     try:
115         if backdata.get('mode') == 'date':
116             dt = ' 日期為：' +
                        event.postback.params.get('date')   # 讀取日期
117         elif backdata.get('mode') == 'time':
118             dt = ' 時間為：' + event.postback.params.get('time') # 讀取時間
119         elif backdata.get('mode') == 'datetime':
120             dt = datetime.datetime.strptime(event.postback.
                    params.get('datetime'), '%Y-%m-%dT%H:%M')
                    # 讀取日期時間
121             dt = dt.strftime('{d}%Y-%m-%d, {t}%H:%M').
                    format(d=' 日期為：', t=' 時間為：')   # 轉為字串
122         message = TextSendMessage(
123             text=dt
124         )
125         line_bot_api.reply_message(event.reply_token,message)
126     except:
127         line_bot_api.reply_message(event.reply_token,
                TextSendMessage(text=' 發生錯誤！'))
......
```

程式說明

- ▨ 9　　　　匯入日期時間模組。

- ▨ 33-37　 日期時間按鈕會觸發 Postback 事件。

- ▨ 35　　　取得 Postback 資料。

- ▨ 73-111　建立三種日期時間模式的函式。

- ▨ 77-107　建立按鈕樣板。

- ▨ 82-89　 建立日期模式的日期時間按鈕。

- ▨ 84　　　設定 Postback 資料：action 名稱的值為「sell」，在 36-37 列程式
　　　　　　做為判斷是日期時間按鈕觸發的 Postback 事件；mode 名稱的值為
　　　　　　「date」，表示日期模式。

- ▨ 85　　　設定日期模式。

- ▨ 86-88　 日期模式的格式為「YYYY-mm-DD」。

▨ 90-97　　建立時間模式的日期時間按鈕。

▨ 98-105　建立日期時間模式的日期時間按鈕。

▨ 113-127 處理 Postback 資料的函式。

▨ 115-116 讀取 Postback 資料的日期資料。

▨ 116　　　讀取日期資料的語法為「event.postback.params.get('date')」。

▨ 117-118 讀取 Postback 資料的時間資料。

▨ 118　　　讀取時間資料的語法為「event.postback.params.get('time')」。

▨ 119-121 讀取 Postback 資料的日期時間資料。

▨ 120　　　將日期時間資料轉換為物件。

▨ 121　　　將日期時間物件轉換為字串。

使用者按圖文選單中日期時間的執行結果：點選 **選取日期** 會顯示日曆界面讓使用者選取日期，點選 **選取時間** 會顯示時鐘界面讓使用者選取時間，點選 **選取日期時間** 會先顯示日曆界面，再顯示時鐘界面。此處示範點選 **選取日期時間** 操作，下右圖為選取日期界面，選取完成後按 **下一步**。

接著顯示時鐘界面，選取時間後按 **傳送**，於確認對話方塊再按 **傳送**，完成選取日期時間操作。系統會自動顯示選取的日期時間資料，約 2 秒鐘後會消失。

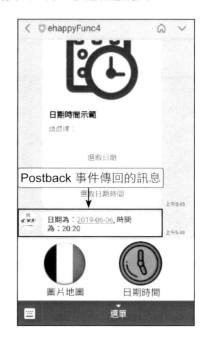

07

CHAPTER

彈性配置及 LIFF

7.1 彈性配置

盡管 LINE Bot 的樣板提供了較多樣的界面設計，但應用程式包羅萬象，對於界面的需求也是千變萬化，如何才能滿足大部分設計者的需要呢？「彈性配置」可讓設計者自行安排顯示的界面，「LIFF」則可以將網頁內嵌在 LINE Bot 中，如此就能讓設計者隨心所欲的設計呈現的界面了！

彈性配置 (Flex message) 是 LINE 公司 2018 年才推出的新功能，藉由將手機螢幕切割為若干區塊，設計者可在各區塊中加入各種元件，達到自由設計界面的目的。彈性配置的另一優點是其在手機及電腦都可正常顯示，而前一章提及的內建樣板則只能在手機正常顯示，電腦則會顯示「alt_text」參數設定的文字。

7.1.1 彈性配置基本架構

彈性配置是以「區塊」做為基礎：整個彈性配置為「BubbleContainer」，四個區塊分別為 Header、Hero、Body 及 Footer。以本章範例圖示說明：

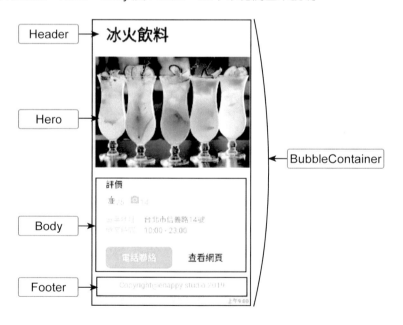

BubbleContainer

BubbleContainer 即為整個彈性配置區塊，其重要屬性有：

名稱	意義
direction	設定當元件水平排列時，元件的排列方向。可能值為 ltr（由左向右）、rtl（由右向左），預設值為「ltr」。
header	設定主要標題。
hero	設定主要圖片。
body	設定主要內容。
footer	設定底部內容。

「direction」屬性設定元件的水平排列方式 (垂直排列不受影響)。前面圖形是預設「ltr (由左向右)」排列，若將設定值改為「rtl (由右向左)」的顯示為：

語法範例：

```
bubble = BubbleContainer(
    direction='ltr',
    header= 元件區塊一 ,
    hero= 元件區塊二 ,
    body= 元件區塊三 ,
    footer= 元件區塊四
)
```

▌7.1.2 BoxComponent 元件

彈性配置界面是由各種彈性配置元件排列組合而成：多種彈性配置元件搭配水平、垂直排列，形成千變萬化的界面。

首先說明 BoxComponent 元件，這是使用最多的彈性配置元件。BoxComponent 元件是建立一個矩形區塊，區塊中可以放置其他彈性配置元件。

BoxComponent 常用的屬性有：

名稱	必要性	意義
layout	必要	設定元件的排列方式，有三種值： horizontal：水平排列。 vertical：垂宜排列。 baseline：也是水平排列，元件會對齊基準線。
contents	必要	設定各個元件。contents 是一個串列，串列元素即為元件。
spacing	非必要	設定 BoxComponent 中各元件間的最小距離。可能值由小到大有：none、xs、sm、md、lg、xl、xxl。
margin	非必要	設定此 BoxComponent 與前一個元件的最小距離。可能值由小到大有：none、xs、sm、md、lg、xl、xxl。

「layout」屬性值不同時，串列元素可用的元件不同。

- horizontal、vertical：可用的元件有 BoxComponent、ButtonComponent、ImageComponent、SeparatorComponent 及 TextComponent。

- baseline：可用的元件有 IconComponent 及 TextComponent。

「spacing」屬性為設定 BoxComponent 中元素的間距，例如下圖中的圖示與數字皆是同一個 BoxComponent 的元素：

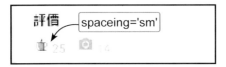

「margin」屬性為設定 BoxComponent 與前一個元件的的間距，例如下圖中的「評價」文字是一個 TextComponent，即此 TextComponent 是圖示 BoxComponent 的前一元件：

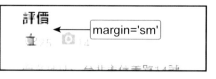
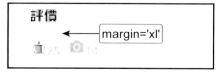

語法範例：

```
BoxComponent(
    layout='baseline',
    spacing='md',
    margin='sm',
    contents=[
        元件一,
        元件二,
        ......
    ]
),
```

▌ 7.1.3 TextComponent 元件

TextComponent 元件是顯示文字的彈性配置元件，常用的屬性有：

名稱	必要性	意義
text	必要	設定要顯示的文字。
flex	非必要	設定顯示所佔的寬度比例。水平排列時預設值為 1，垂直排列時預設值為 0。
margin	非必要	設定與前一個元件的最小距離。可能值由小到大有：none、xs、sm、md、lg、xl、xxl。
size	非必要	設定文字大小。可能值由小到大有：xxs、xs、sm、md、lg、xl、xxl、3xl、4xl、5xl。預設值為 md。
align	非必要	設定水平排列的對齊方式。可能值有： start：靠左對齊。 end：靠右對齊。 center：置中對齊。 預設值為靠左對齊。
gravity	非必要	設定垂直排列的對齊方式。可能值有： top：靠上對齊。 bottom：靠下對齊。 center：置中對齊。 預設值為靠上對齊。

名稱	必要性	意義
weight	非必要	設定是否顯示粗體。可能值有： regular：不顯示粗體。 bold：顯示粗體。 預設值為 regular 。
color	非必要	設定文字顏色，格式為 #RRGGBB，例如 #FF0000 表示紅色。

「flex」屬性設定顯示所佔的寬度比例：系統會計算同一列元件所有 flex 屬性值的總合，元件的寬度就是該元件 flex 屬性值佔比乘以螢幕寬度。下圖以顯示兩個 TextComponent 為例，左圖兩個 TextComponent 的 flex 屬性皆設為 1 (此為預設值)，flex 屬性值總合為 2，所以兩個 TextComponent 寬度各佔 1/2；右圖 TextComponent 的 flex 屬性皆設為 1 及 2，flex 屬性值總合為 3，所以第一個 TextComponent 寬度佔 1/3，第二個 TextComponent 寬度佔 2/3。善用 flex 屬性值設定，可以精確定位文字顯示位置。

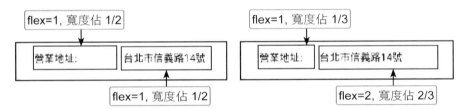

語法範例：

```
TextComponent(
    text=' 文字顯示示範 ',
    weight='bold',
    size='xxl',
    flex=2,
    align='center',
    color='#FF00FF'
)
```

7.1.4 ImageComponent 元件

ImageComponent 元件是顯示圖片的彈性配置元件，常用的屬性有：

名稱	必要性	意義
url	必要	設定圖片網址：必須以 https 開頭，圖片格式為 jpg 或 png，圖片最大尺寸為 1024x1024 pixels，圖片檔案最大為 1M。
flex	非必要	設定顯示所佔的寬度比例。水平排列時預設值為 1，垂直排列時預設值為 0。
margin	非必要	設定與前一個元件的最小距離。可能值由小到大有：none、xs、sm、md、lg、xl、xxl。
size	非必要	設定圖片寬度的尺寸。可能值由小到大有：xxs、xs、sm、md、lg、xl、xxl、3xl、4xl、5xl、full。預設值為 md。
align	非必要	設定水平排列的對齊方式。可能值有： start：靠左對齊。 end：靠右對齊。 center：置中對齊。 預設值為靠左對齊。
gravity	非必要	設定垂直排列的對齊方式。可能值有： top：靠上對齊。 bottom：靠下對齊。 center：置中對齊。 預設值為靠上對齊。
aspectRatio	非必要	設定圖片長寬比例。預設值為 1:1。
aspectMode	非必要	設定顯示模式，可能值有： cover：圖片填滿顯示區域，圖片邊緣可能被裁掉。 fit：顯示整張圖片，顯示區域可能留下空白。 預設值為 fit。
backgroundColor	非必要	設定圖片背景顏色。格式為 #RRGGBB。

語法範例：

```
ImageComponent(
    url='https://i.imgur.com/3sBRh08.jpg',
    size='full',
    align='center',
    aspect_ratio='792:555',
    aspect_mode='cover',
)
```

7.1.5 ButtonComponent 元件

ButtonComponent 元件是建立按鈕的彈性配置元件，常用的屬性有：

名稱	必填	意義
action	必要	設定當使用者點選按鈕時執行的動作。
flex	非必要	設定顯示所佔的寬度比例。水平排列時預設值為 1，垂直排列時預設值為 0。
margin	非必要	設定與前一個元件的最小距離。可能值由小到大有：none、xs、sm、md、lg、xl、xxl。
gravity	非必要	設定垂直排列的對齊方式。可能值有： top：靠上對齊。 bottom：靠下對齊。 center：置中對齊。 預設值為靠上對齊。
height	非必要	設定按鈕高度，可能值有 sm 及 md。預設值為 md。
style	非必要	設定按鈕樣式，可能值有： link：HTML 連結樣式。 primary：暗色樣式。 secondary：亮色樣式。 預設值為 link。
color	非必要	如果 style 屬性為 link，設定按鈕文字顏色。 如果 style 屬性為 primary 或 secondary，設定按鈕背景顏色 格式為 #RRGGBB。

「action」屬性設定當使用者點選按鈕時執行的動作。常用的動作有：顯示文字訊息 (Message action)、回傳訊息 (Postback action)、開啟網頁 (URI action)、選取日期時間 (Datetime picker action) 及位置資訊 (Location action)。

「style」屬性設定按鈕顯示的樣式，其顯示的外觀如下：

電話聯絡	電話聯絡	電話聯絡
▲ style='link'	▲ style='primary'	▲ style='secondary'

語法範例：

```
ButtonComponent(
    action=URIAction(label=' 查看網頁 ', uri="http://www.e-happy.com.tw"),
    style='primary',
    height='sm',
    color='#FF00FF'
)
```

▌ 7.1.6 IconComponent 及 SeparatorComponent 元件

IconComponent 元件是建立圖示的彈性配置元件，常用的屬性有：

名稱	必要性	意義
url	必要	設定圖片網址：必須以 https 開頭，圖片格式為 jpg 或 png，圖片最大尺寸為 240x240 pixels，圖片檔案最大為 1M。
margin	非必要	設定與前一個元件的最小距離。可能值由小到大有：none、xs、sm、md、lg、xl、xxl。
size	非必要	設定圖片寬度的尺寸。可能值由小到大有：xxs、xs、sm、md、lg、xl、xxl、3xl、4xl、5xl。預設值為 md。
aspectRatio	非必要	設定圖片長寬比例。預設值為 1:1。

語法範例：

```
IconComponent(
    url='https://i.imgur.com/GsWCrIx.png',
    size='lg',
    aspectRatio='64:64'
)
```

SeparatorComponent 元件是建立分隔線的彈性配置元件，常用的屬性有：

名稱	必要性	意義
margin	非必要	設定與前一個元件的最小距離。可能值由小到大有：none、xs、sm、md、lg、xl、xxl。
color	非必要	設定分隔線顏色，格式為 #RRGGBB。

語法範例：

```
SeparatorComponent(
    color='#0000FF'
)
```

7.1.7 彈性配置範例

本章範例：在 LINE 開發者頁面建立 ehappyFunc5 LINE Bot，加入圖文選單：版型使用「小型」的第一個版型 (三個項目)，圖形上傳本章範例 <media/func5.png>，第一個項目類型選擇「文字」，傳送的文字分別設定為 @ 彈性配置；第二、三個項目類型選擇「不設定」。接著建立 Flask 程式 <linebotFunc5.py>，讓 LINE Bot 回應使用者點選圖文選單的各項功能。

關於彈性配置的程式碼主要為 sendFlex 函式，因為程式碼很長，下面將分段解說。首先是標題及主要圖片部分：

程式碼：linebotFunc5.py

```
......
22 @handler.add(MessageEvent, message=TextMessage)
23 def handle_message(event):
24     mtext = event.message.text
25     if mtext == '@彈性配置':
26         sendFlex(event)
......
31 def sendFlex(event):  # 彈性配置
32     try:
33         bubble = BubbleContainer(
34             direction='ltr',  # 項目由左向右排列
35             header=BoxComponent(  # 標題
36                 layout='vertical',
```

```
37              contents=[
38                  TextComponent(text=' 冰火飲料 ',
                        weight='bold', size='xxl'),
39              ]
40          ),
41          hero=ImageComponent(   # 主圖片
42              url='https://i.imgur.com/3sBRh08.jpg',
43              size='full',
44              aspect_ratio='792:555',   # 長寬比例
45              aspect_mode='cover',
46          ),
......
```

程式說明

- 33　　　使用 BubbleContainer 建立彈性配置容器。

- 34　　　設定水平排列方式為由左到右。

- 35-40　　建立主標題。

- 41-46　　建立主要圖片。

然後是內容程式碼：

程式碼：linebotFunc5.py （續）

```
......
47      body=BoxComponent(   # 主要內容
48          layout='vertical',
49          contents=[
50              TextComponent(text=' 評價 ', size='md'),
51              BoxComponent(
52                  layout='baseline',   # 水平排列
53                  margin='md',
54                  contents=[
55                      IconComponent(size='lg', url='https://
                            i.imgur.com/GsWCrIx.png'),
56                      TextComponent(text='25   ', size='sm',
                            color='#999999', flex=0),
57                      IconComponent(size='lg', url='https://
                            i.imgur.com/sJPhtB3.png'),
58                      TextComponent(text='14', size='sm',
                            color='#999999', flex=0),
59                  ]
60              ),
```

```
61          BoxComponent(
62              layout='vertical',
63              margin='lg',
64              contents=[
65                  BoxComponent(
66                      layout='baseline',
67                      contents=[
68                          TextComponent(text=' 營業地址 :',
                                color='#aaaaaa', size='sm', flex=2),
69                          TextComponent(text=' 台北市信義路 14 號 ',
                                color='#666666', size='sm', flex=5)
70                      ],
71                  ),
72                  SeparatorComponent(color='#0000FF'),
73                  BoxComponent(
74                      layout='baseline',
75                      contents=[
76                          TextComponent(text=' 營業時間 :',
                                color='#aaaaaa', size='sm', flex=2),
77                          TextComponent(text="10:00 - 23:00",
                                color='#666666', size='sm', flex=5),
78                      ],
79                  ),
80              ],
81          ),
82          BoxComponent(
83              layout='horizontal',
84              margin='xxl',
85              contents=[
86                  ButtonComponent(
87                      style='primary',
88                      height='sm',
89                      action=URIAction(label=' 電話聯絡 ',
                            uri='tel:0987654321'),
90                  ),
91                  ButtonComponent(
92                      style='secondary',
93                      height='sm',
94                      action=URIAction(label=' 查看網頁 ',
                            uri="http://www.e-happy.com.tw")
95                  )
96              ]
97          )
```

```
98              ],
99          ),
......
```

程式說明

- 47-99　建立彈性配置主要內容。
- 48　內容為垂直排列。
- 49-98　建立彈性配置元件串列。
- 50　顯示文字。
- 51-60　建立顯示圖示及數字區塊。
- 61-81　建立顯示商家基本資料區塊。
- 72　繪製藍色分隔線。
- 82-97　建立功能按鈕區塊。
- 86-90　建立撥打電話按鈕。
- 91-95　建立查看網頁按鈕。

最後是底部內容程式碼：

程式碼：linebotFunc5.py（續）

```
......
100              footer=BoxComponent(   # 底部版權宣告
101                  layout='vertical',
102                  contents=[
103                      TextComponent(text='Copyright@ehappy
                         studio 2019', color='#888888',
                         size='sm', align='center'),
104                  ]
105              ),
106          )
107      message = FlexSendMessage(alt_text=" 彈性配置範例 ",
             contents=bubble)
108      line_bot_api.reply_message(event.reply_token,message)
109  except:
110      line_bot_api.reply_message(event.reply_token,
             TextSendMessage(text=' 發生錯誤！'))
```

程式說明

- 100-105 建立彈性配置底部內容。

- 107-108 完成彈性配置。

使用者按圖文選單中「彈性配置」的執行結果。

按 **電話聯絡** 鈕可以撥打指定電話，按 **查看網頁** 鈕會開啟文淵閣工作室網頁。

7.2 LIFF：嵌入外部網頁

LIFF 是 LINE Front-end Framework 的縮寫，功能類似 FB Messenger 的 WebView
功能，可以將特定網頁內嵌在 LINE Bot 中。

▌ 7.2.1 使用 LIFF 嵌入現有網頁

以下先建立一個 LIFF，不必撰寫任何程式碼就能將特定網頁內嵌在 LINE Bot 中。

建立 Line Login Channel

開啟 LINE Bot 管理頁面，點選 **Create a new channel**，然後點選第一個項目 **Line
Login**。

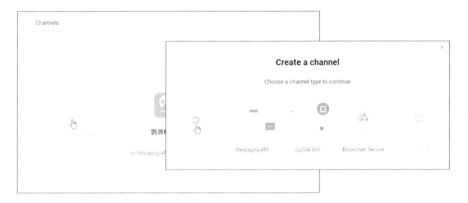

輸入 **Channel name** 及 **Channel description** 欄位資料，**App Type** 欄選擇 **Web
app**，核取同意版權核選方塊，按 **Create** 鈕。

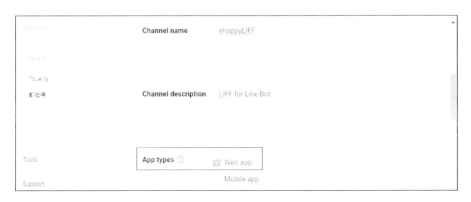

建立 LIFF 應用程式

點選 **LIFF** 頁籤，按 **Add** 鈕。

Name 欄輸入 LIFF 名稱「**PCHOME**」，**Size** 欄點選 **Tall**，**Endpoint URL** 欄輸入 PCHOME 購物網址「https://24h.m.pchome.com.tw/」，**Scopes** 欄選 **openid** 及 **chat_message.write**，**Bot link feature** 欄選 **On (Normal)**，按 **Add** 鈕建立 LIFF。

Size 欄設定嵌入網頁的大小，有三種尺寸：**Compact** 高度大約半個螢幕，**Tall** 高度大約 80% 螢幕，**Full** 高度則為全螢幕。

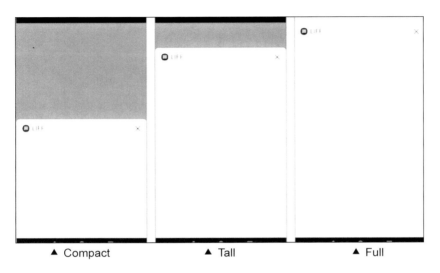

▲ Compact   ▲ Tall   ▲ Full

Endpoint URL 欄為要嵌入網頁的網址,必須是以「https」開頭的網址。

回到管理頁面 **LIFF** 頁籤,可見到新建立的 LIFF 資訊:**LIFF URL** 欄就是 LIFF 連結網址,使用此網址即可在 LINE Bot 嵌入網頁。請先複製此網址備用。

切換到圖文選單編輯頁面,將 **內容設定** 中項目 **B** 的 **類型** 欄改為 **連結**,網址欄修改為剛才建立的 LIFF 連結網址,按 **儲存** 鈕儲存修改後的內容。

發布 Line Login Channel

Line Login Channel 必須發布才有作用：點選 Line Login Channel 名稱下方的 **Developing**，於對話方塊中按 **Publish** 鈕，當文字顯示為 **Published** 時表示已發布。

使用者按圖文選單中「PCHOME」的執行結果：第一次執行會顯示授權頁面，按 **許可** 鈕同意，就可見到 PCHOME 網頁內嵌在 LINE Bot 中了！

▌ 7.2.2 建立自訂內嵌網頁

LINE Bot 的 URITemplateAction 也可以開啟指定網頁,為什麼還要大費周張使用 LIFF 來內嵌網頁呢?開啟網頁功能是使用者在瀏覽器中操作網頁,瀏覽器與 LINE Bot 沒有關聯,直到使用者手動關閉瀏覽器後,才回到 LINE Bot。內嵌網頁則是由 LINE Bot 控制瀏覽器,使用者可以將瀏覽器操作的資料傳送給 LINE Bot,也可以由 LINE Bot 以程式關閉瀏覽器。簡單的說,就是 LINE Bot 可與瀏覽器進行互動,如此 就可把一些在 LINE Bot 不易進行的操作交給瀏覽器執行,最後再將瀏覽器執行結果 傳送給 LINE Bot 即可。

這裡將利用 flask 的 render_template 模組生成自訂的內嵌網頁,將使用者填完頁面 中的表單資料,還能將資料回傳到 LINE Bot 程式中顯示。

建立自訂 LIFF 內嵌網頁

內嵌網頁最常使用的情況是在瀏覽器執行表單,使用者填完表單後將填寫的資料傳 送給 LINE Bot 處理。下面以簡單餐廳訂位做為示範:首先建立讓使用者輸入姓名、 日期及包廂名稱的表單,界面利用 JQuery 及 Bootstrap 來設計。

程式碼:templates\index.html

```html
1  <!DOCTYPE html>
2  <html>
3  <head>
4      <meta name="viewport" content="width=device-width, initial-scale=1" />
5      <title>LIFF 表單測試 </title>
6      <script src="https://cdnjs.cloudflare.com/ajax/libs/
           jquery/3.0.0/jquery.min.js"></script>
7      <link rel="stylesheet" href="https://maxcdn.bootstrapcdn.
           com/bootstrap/4.0.0/css/bootstrap.min.css">
8      <script src="https://maxcdn.bootstrapcdn.com/bootstrap/
           4.0.0/js/bootstrap.min.js"></script>
9  </head>
10 <body>
11     <div class="row" style="margin: 10px">
12         <div class="col-12" style="margin: 10px">
13             <label> 姓名 </label>
14             <input type="text" id="name" class="form-control" />
15             <br />
16             <label> 日期 </label>
17             <input type="date" id="datetime" value=""
                   class="form-control" />
```

```
18              <br />
19              <label> 包廂 </label>
20              <select id="sel_room" class="form-control">
21                  <option selected> 生龍廳 </option>
22                  <option> 活虎廳 </option>
23                  <option> 美鳳廳 </option>
24                  <option> 帥凰廳 </option>
25                  <option> 不使用包廂 </option>
26              </select>
27              <br />
28              <button class="btn btn-success btn-block"
                    id="sure"> 確定 </button>
29          </div>
30      </div>
......
```

程式說明

- 4　　　　　設定可適合手機顯示。

- 6-8　　　　匯入 JQuery 模組及 Bootstarp 模組。

- 13-14　　　建立輸入姓名欄位。

- 16-17　　　建立輸入日期欄位。

- 19-26　　　建立選取包廂的下拉式選單欄位。

- 28　　　　　建立輸入完成的按鈕，使用者按下按鈕後會執行設定的 Javacript 程式 (pushMsg 函式)。

此表單執行結果外觀為：

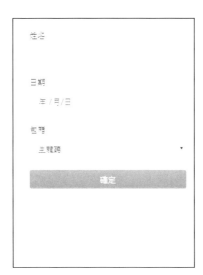

加入傳送表單資料給 LINE Bot 的程式

LIFF 內嵌網頁是以推播訊息 (Push Message) 的方式傳送資料給 LINE Bot，而推播訊息前需先取得使用者的 LINE Id，才能將訊息傳送給該使用者，這個功能是以 Javascript 程式撰寫。

程式碼：templates\index.html（續）

```
32      <script src="https://static.line-scdn.net/liff/edge/2.1/
            sdk.js"></script>
33   <script>
34       function initializeLiff(myLiffId) {
35           liff.init({liffId: myLiffId });
36       }
37
38   function pushMsg(pname, pdatatime, proom) {
39       if (pname == '' || pdatatime == '' || proom == '') { // 資料檢查
40           alert(' 每個項目都必須輸入！');
41           return;
42       }
43       var msg = "###";   // 回傳訊息字串
44       msg = msg + pname + "/";
45       msg = msg + pdatatime + "/";
46       msg = msg + proom;
47       liff.sendMessages([   // 推播訊息
48         { type: 'text',
49           text: msg
50         }
51       ])
52         .then(() => {
53             liff.closeWindow();   // 關閉視窗
54         });
55   }
56
57   $(document).ready(function () {
58       initializeLiff('{{ liffid }}'); // 接收傳遞的 liffid 參數
59       $('#sure').click(function (e) {   // 按下確定鈕
60           pushMsg($('#name').val(), $('#datetime').val(),
                  $('#sel_room').val());
61       });
62   });
63 </script>
```

程式說明

- ▨ 32　　　匯入可與 LINE Bot 互動的 SDK。
- ▨ 38-55　　推播訊息函式。
- ▨ 39-42　　每個表單欄位都必須輸入才執行 43-54 列程式。
- ▨ 43-46　　將表單輸入資料組合成一個字串：此字串以「###」開頭，做為在 LINE 中判斷推播訊息的準則；每個表單欄位資料以「/」符號分隔，在 LINE 中以「/」分割字串就能還原表單欄位資料。
- ▨ 48-51　　推播訊息。
- ▨ 52-54　　若推播訊息成功就關閉內嵌網頁瀏覽器。
- ▨ 57-62　　開啟網頁時執行的程式。
- ▨ 58　　　載入 LINE Bot 程式傳遞過來的 Liff id 參數。
- ▨ 59-61　　使用者按 **確定** 鈕就執行 pushMsg 函式（推播訊息）。

免費推播訊息數量

前面提及的回傳訊息(Reply message)無論回傳多少筆訊息都是免費的，此處的推播訊息，每個月額度上限為500則，若超過則需付費(付費方案請參考LINE官網)，因此使用推播訊息時要注意數量不要超過免費額度。

啟動 ngrok 服務產生嵌入頁面

在建立 LIFF 應用程式之前要先在本機啟動 ngrok 的服務產生 Web hook 的服務網址，請開啟一個命令提示字元視窗，切換到本章範例程式所在資料夾，以「ngrok http 5000」命令啟動 ngrok 伺服器，外部連結到內部的埠位 5000 的服務：

請記錄執行畫面中 https 的網址，如上圖為「 https://a6e7839b4af2.ngrok.io」。等一下在 flask 程式中，將為剛才的靜態表單頁面建立路由「/page」，也就是只要執行「https://a6e7839b4af2.ngrok.io/page」即可看到這個表單頁面。

建立 LIFF 應用程式

得到了能顯示表單頁面的網址後,接下來就可以建立 LIFF 應用程式:

1. 開啟 LINE Bot 管理頁面,進入 ehappyLIFF Channel,點選 **LIFF** 頁籤,按 **Add** 鈕建立新的 LIFF。

2. **Name** 欄輸入 LIFF 名稱「LIFFform」,**Size** 欄點選 **Tall**。

3. **Endpoint URL** 欄請輸入剛才產生的表單頁面網址。

4. **Scopes** 欄選 **openid** 及 **chat_message.write**

5. **Bot link feature** 欄選 **On (Normal)**,按 **Add** 鈕建立 LIFF。

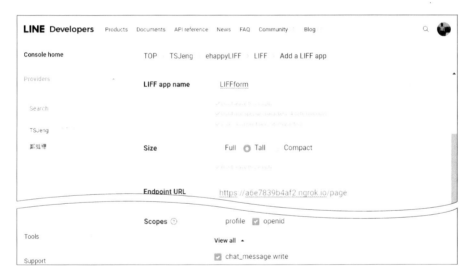

6. 回到管理頁面 LIFF 頁籤,這裡要記錄 LIFF ID 及 LIFF URL 二個資料,要到其他的地方進行設定。

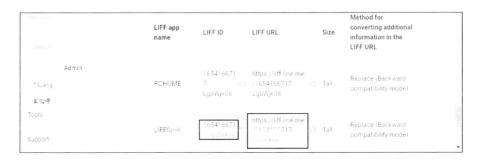

7. 在 LINE Bot 管理頁面進入 ehappyFunc5 Channel，切換到圖文選單編輯頁面，將 **內容設定** 中項目 **C** 的 **類型** 欄改為 **連結**，網址欄修改為剛才建立的 LIFF 連結網址，按 **儲存** 鈕儲存修改後的內容。

建立 flask 靜態頁面路由

回到 flask 程式，這裡要新增「/page」這個路由，利用 render_template 模組，將剛才的 <index.html> 當成樣板頁面匯入，並加入 LIFF ID 參數顯示在其中。

程式碼：linebotFunc5.py（續）

```
......
4   from flask import Flask, request, abort, render_template
......
11  liffid = '你的 LIFF ID'
12
13  #LIFF 靜態頁面
14  @app.route('/page')
15  def page():
16      return render_template('index.html', liffid = liffid)
......
```

程式說明

- 4　　　　加入 render_template 模組。
- 11　　　 將剛才生成的 LIFF ID 更新到 liffid 變數中。
- 13-16　 新增「/page」路由，是將 index.html 匯入，並傳遞 liffid 變數到頁面中顯示。

處理推播回傳的表單資料

在 \<index.html\> 的 Javascript 程式中撰寫了當使用者填完表單後按 **確定** 鈕,就會將表單資料結合成以「###」開頭的字串推播給 LINE Bot,LINE Bot 收到推播資料後即可進行後續處理。

關於自訂 LIFF 的程式碼為:

程式碼:linebotFunc5.py(續)

```
......
28 @handler.add(MessageEvent, message=TextMessage)
29 def handle_message(event):
30     mtext = event.message.text
......
34     elif mtext[:3] == '###' and len(mtext) > 3:
35         manageForm(event, mtext)
......
118  def manageForm(event, mtext):
119   try:
120       flist = mtext[3:].split('/')
121       text1 = '姓名:' + flist[0] + '\n'
122       text1 += '日期:' + flist[1] + '\n'
123       text1 += '包廂:' + flist[2]
124       message = TextSendMessage(
125           text = text1
126       )
127       line_bot_api.reply_message(event.reply_token,message)
128   except:
129       line_bot_api.reply_message(event.reply_token,
                         TextSendMessage(text='發生錯誤!'))
......
```

程式說明

■ 34-35   如果資料是以「###」開頭,且字串長度大於 3(表示有推播資料)才進行處理。

■ 120   「mtext[3:]」為移除字串開頭的「###」取得推播資料,再以「/」字元分解字串,即可得到表單各欄位資料。

■ 121-123 串列的第 1、2、3 個元素依次為姓名、日期、包廂欄位資料,將其組合成一個字串。

■ 124-125 將表單資料字串傳回顯示。

使用者按圖文選單中「LIFF」的執行結果：顯示自訂內嵌網頁讓使用者填寫表單。

使用者填寫完表單資料後按 **確定** 鈕，LINE 就會顯示推播資料及 LINE Bot 處理後回應的資料。

08

專題：智能問答客服系統

8.1　專題方向

現在已有許多公司的客服系統使用人工智慧系統取代傳統的客服人員，如此一來，二十四小時服務也不成問題了！

本專題利用微軟公司提供的機器學習知識庫，以人工智慧方式建置台大醫院全自動客服系統，以人工智慧判斷問題，提供最佳解答。專題中僅建置少數問題知識庫，但系統會蒐集使用者詢問的問題，讓系統維護者不斷擴充知識庫，只要上線一段時間，就能讓系統越來越完美。

專題檢視

- 「使用說明」功能讓使用者了解本專題應用程式的使用方法。

- 使用者輸入的文字就視為發問的問題，系統就向知識庫進行查詢，知識庫會以人工智慧方式尋找最佳解答；如果找不到解答，除了回覆無適當解答訊息外，還將問題寫入資料庫中。

- 系統維護者可定期在資料庫管理後台檢視記錄的問題，如果確認為有價值的問題就將其加入知識庫。

8.2 關鍵技術

目前資訊業界最夯的話題就是機器學習，而自然語言處理是機器學習應用極為重要的一環，「全自動客服系統」就是自然語言處理的應用之一。

微軟公司 (Microsoft) 深耕機器學習多年，現在將許多機器學習成果以 API 形式提供給大眾使用，即使對於機器學習原理不甚了解的設計者，也可以使用機器學習的成果。QnA Maker 就是微軟專為「問答」式自然語言處理提供的服務，我們利用此功能即可輕鬆完成全自動客服系統。

8.2.1 建立 QnA Maker 資源

建立 Microsoft 帳號

使用微軟機器學習功能的第一步是要有 Microsoft 帳號，如果沒有 Microsoft 帳號，就先建立一個 Microsoft 帳號：在瀏覽器開啟「https://login.live.com/login.srf?lw=1」Microsoft登入頁面，按 **立即建立新帳戶** 連結，然後按照說明填寫表單、輸入密碼等，完成新帳號建立程序。

建立 Azure 帳號

於 Microsoft 登入頁面以新帳號登入，再切換到 Azure 帳號申請頁面「https://azure.microsoft.com/en-us/free/」，按 **Start free** 鈕建立免費 Azure 帳號。

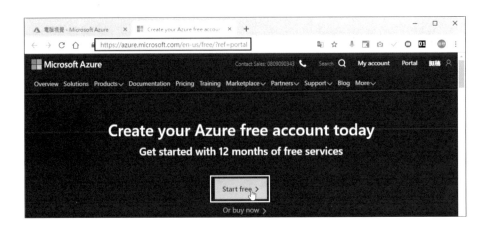

為了慎重，系統會要求輸入申請者密碼 (Microsoft 帳號的密碼)，再按 **登入** 鈕：

接著按照指示填寫各種基本資料，最重要的是需輸入真實信用卡資料才能通過申請。
申請 Azure 帳號成功後，Microsoft 會扣款美金 1 元，將來 Microsoft 會退還這筆扣款。
當見到下圖畫面就表示 Azure 帳號建立成功，按 **Go to the portal** 鈕即可開始使用
Microsoft 提供的各種機器學習功能了！

QnA Maker 資源

Azure 是以「資源」來計算每個帳號使用機器學習功能的數量，藉以核算該帳號的費用，因此要使用指定的機器學習功能之前，需先建立該功能的「資源」。

本專題是執行「QnA Maker」功能，請依下面步驟建立「QnA Maker」資源：

新建 Azure 帳號後按 **Go to the portal** 鈕，或開啟 Azure 首頁「https://portal.azure.com/#home」，在左方點選 **建立資源**，搜尋欄位輸入「qna」，然後在下方點選 **QnA Maker** 項目，再於 **QnA Maker** 頁面按 **建立** 鈕。

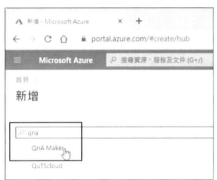

訂用帳戶 欄選 **Free Trial**（免費），**資源群組** 欄按下方 **新建** 鈕，於對話方塊 **名稱** 欄輸入資源群組名稱後按 **確定** 鈕（註：資源群組名稱必須是全球唯一）。**名稱**、 **應用程式名稱** 欄輸入自訂資源名稱，**定價層** 點選 **免費 F0**，**Azure 搜尋服務位置**、**網站位置**、**應用程式見解位置** 選 **東南亞**，**Azure 搜尋服務定價層** 點選 **免費 F**，然後按 **檢閱 + 建立** 鈕，再按 **確定** 鈕建立 QnA Maker 資源。

查看已建立的資源

在程式中使用 Azure 機器學習功能時需輸入資源的相關資訊，因此使用者常常需要到資源頁面查看資料。登入 Azure 首頁，首頁下方 **最近的資源** 會顯示最近使用過的資源，點選類型為「服務」的資源名稱就可開啟該資源頁面。

▋ 8.2.2 建立知識庫 (knowledge base)

有了 QnA Maker 資源後，接著要建立問題與對應解答資料庫，微軟稱此資料為知識庫 (knowledge base)，簡稱 KB。

蒐集 QnA 資料

本專題以台大醫院常見問題為範例，其網址為「https://www.ntuh.gov.tw/ntuh/Faq.action?q_type=-1&agroup=a#top」：

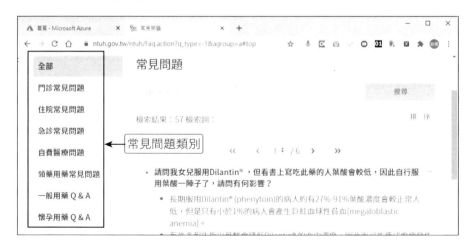

匯入知識庫的檔案格式可為 WORD 或 PDF，本章範例中 < 台大醫院 QnA.docx> 檔是將網頁中常用問題及解答整理成 WORD 檔，問題是以「Q：」開頭，解答是以「A：」開頭，總共有 55 個題目，可以直接匯入知識庫。

建立知識庫

建立知識庫的網址為「https://www.qnamaker.ai/」，登入後點選 **Create a knowledge base**。

在建立 QnA Maker 資源之後，接著就是要設定 QnA Maker 資源，**Microsoft Azure Directory ID** 使用 **預設目錄**，**Language** 選擇 **Cjinese Traditional**，其餘選取剛建立的訂用帳戶及 QnA Maker 資源名稱。

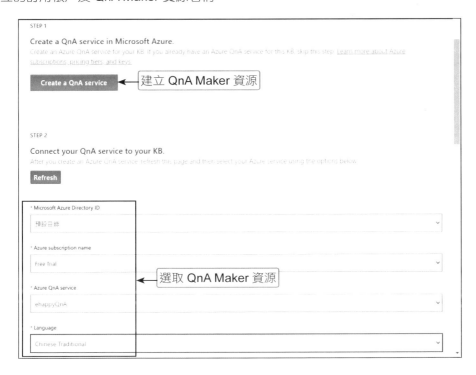

接著輸入知識庫名稱,再輸入資料來源。點選 **Add File**,於 **開啟** 對話方塊選擇 < 台大醫院 QnA.docx> 檔後按 **開啟** 鈕。

匯入的檔案名稱會顯示於 **File name** 欄位中,按 **Create your KB** 鈕建立知識庫。

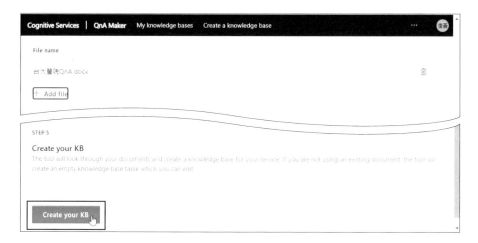

建立知識庫需花費一點時間,請耐心等待!

知識庫建立完成後,按 **Save and train** 鈕就會對資料進行訓練並儲存。

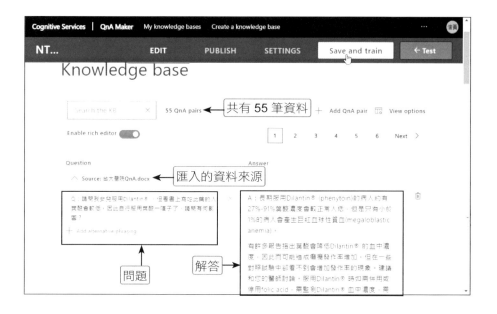

8.2.3 維護知識庫

知識庫建置完成後，仍有可能需要對知識庫內容進行添加、刪除。微軟知識庫還提供知識庫測試功能，設計者可根據測試結果修正知識庫。

增添及刪除資料

點選 **Add QnA pair** 鈕可添加資料：在 **Question** 欄輸入問題，在 **Answer** 欄輸入解答，這樣就新增一筆資料。

點選資料右方的 🗑 圖示就會刪除該筆資料。請特別注意：刪除資料時不會讓使用者再次確認刪除，且刪除後資料無法復原。

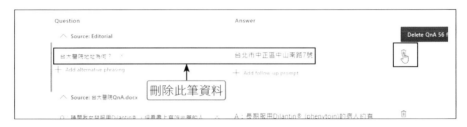

增加或刪除資料後務必按 **Save and train** 鈕，改變的資料才會生效。

測試資料

要如何得知建置完成的知識庫效果呢？微軟知識庫貼心準備了測試功能，只要輸入問題就會回覆解答，藉此查看知識庫的效率，做為知識庫資料改進的參考。輸入的問題文字不必和建置的問題文字完全相同，系統會以人工智慧加以判斷回覆，當然，如果問題離原意太遠，人工智慧也無能為力。

按右上角 **Test** 鈕即可開始測試。

輸入問題後按 **Enter** 鍵就顯示解答。注意原始題目為「門診業務諮詢專線？」，此處輸入「諮詢專線」也可找到正確解答。

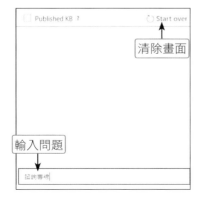

若點選題目下方的 Inspect 則會顯示所有可能的解答：

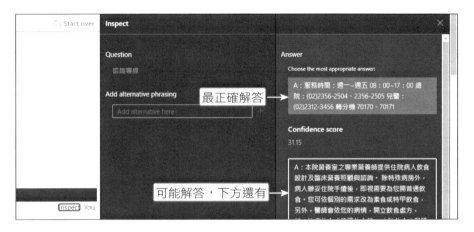

若題目沒有解答，則會回覆「No good match found in KB.」。對於沒有解答的問題，可以評估是否要加入知識庫中。

▌ 8.2.4 使用知識庫

知識庫必須先進行發布程序，設計者才能在程式中使用知識庫。點選上方 **PUBLISH** 鈕，再按 **Publish** 鈕就可以發布知識庫。

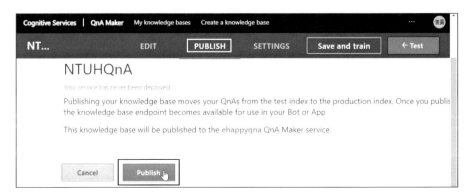

出現以下畫面就表示發布成功了！

- **GUID 碼**：全域唯一識別碼 (Globally Unique Identifier)。

- **授權碼**：QnA Maker 資源授權。

以程式使用知識庫時需要 GUID 碼及授權碼。

查看已建立知識庫

在程式中使用知識庫時需輸入知識庫的相關資訊，因此使用者常常需要到知識庫設定頁面查看資料。登入知識庫首頁「https://www.qnamaker.ai/」，點選 **My knowledge bases**，然後點選知識庫名稱進入該知識庫管理頁面，再按 **SETTINGS** 鈕，將頁面捲到最下方就是知識庫發布資訊。

利用程式使用知識庫

撰寫程式使用知識庫的第一步是先取得知識庫各項資訊，語法為：(下面語法中的變數名稱可以自行設定)

```
host = 主機
endpoint_key = 授權碼
kb = GUID 碼
method = "/qnamaker/knowledgebases/" + kb + "/generateAnswer"
```

Use the below HTTP request to call your Knowledgebase. Learn more.

Postman 主機 GUID 碼

POST /knowledgebases/a32a10ec—░░░░ 4 ░░░ ░ ░ ░░░ 129b/generateAnswer
Host: https://happyqna.azurewebsites.net/qnamaker
Authorization: EndpointKey ccae7823 ░░░░░░░ ░ ░ ░ ░ ░5e50 授權碼
Content-Type: application/json
["question':'<Your question>']

接著設定要詢問的問題，語法為：

```
question = {
    'question': 發問的問題
}
content = json.dumps(question)
```

再來是設定發送網頁請求的表頭，語法為：

```
headers = {
    'Authorization': 'EndpointKey ' + endpoint_key,
    'Content-Type': 'application/json',
    'Content-Length': len(content)
}
```

最後是以 POST 發送請求並取得回傳結果，語法為：

```
conn = http.client.HTTPSConnection(host)
conn.request("POST", method, content, headers)
response = conn.getresponse()
result = response.read()
result1 = json.loads(result)
```

下面是回傳結果的範例：

```
{'answers': [
  {'questions': ['Q：門診業務諮詢專線？'],
   'answer': 'A：服務時間：週一～週五 08：00~17：00 \n\n總院：(02)2356-2504、
      2356-2505\n\n兒醫：(02)2312-3456 轉分機 70170、70171 ',
   'score': 85.8,
  ......
```

可見解答是位於「result1['answers'][0]['answer']」中。

下面範例會對使用者輸入的問題進行回覆。

程式碼：QnA1.py

```python
1 import http.client, json
2
3 host = ' 你的主機 '  # 主機
4 endpoint_key = " 你的授權碼 "   # 授權碼
5 kb = " 你的 GUID 碼 "   #GUID 碼
6 method = "/qnamaker/knowledgebases/" + kb + "/generateAnswer"
7
8 while True:
9     strin = input(' 輸入諮詢問題（直接按 Enter 鍵就結束）：')
10    if strin == '':
11        break
12    else:
13        question = {  # 問題
14            'question': strin,
15        }
16        content = json.dumps(question)
17        headers = {
18            'Authorization': 'EndpointKey ' + endpoint_key,
19            'Content-Type': 'application/json',
20            'Content-Length': len(content)
21        }
22        conn = http.client.HTTPSConnection(host)  # 連線
23        conn.request("POST", method, content, headers)
24        response = conn.getresponse()
25        result = response.read()  # 取得結果
26        result1 = json.loads(result)  # 轉為 JSON 格式
27        print(result1['answers'][0]['answer'])   # 顯示結果
```

程式說明

- 3-6　　　設定知識庫各項資訊。
- 9　　　　讓使用者輸入要詢問的問題。
- 13-16　　建立問題變數。
- 17-21　　建立發送網頁請求的表頭。
- 22-23　　以 POST 方式發送請求。
- 24-26　　取得結果。
- 27　　　顯示解答。

在知識庫測試的問題輸入，觀看執行結果：

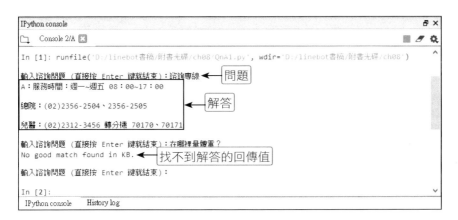

8.3　實戰：智慧客服機器人

常聽到人工智慧專家提出警告：現在很多工作會被「機器人」取代，這不是危言聳聽，其實目前已經有部分工作使用機器人了，而「客服人員」就是其中之一。

本專題將利用機器學習的方式來打造一個全自動的智能問答客服系統，只要啟用微軟公司提供的機器學習知識庫，再針對自己公司或團體常用的客服問答內容進行整理，即可讓這個知識庫進行學習，當客戶在提出問題時就會自動給予最佳的解答。

▌8.3.1　建立資料庫及資料表

本節範例：在 LINE 開發者頁面建立「智慧客服機器人」LINE Bot，加入圖文選單：版型使用「小型」的第五個版型 (一個項目)，圖形上傳本章範例 <media/ehappyQnA.png>，項目類型選擇「文字」，傳送的文字設定為「@ 使用說明」。接著建立 Flask 程式 <linebotQnA.py>，讓 LINE Bot 回應使用者點選圖文選單功能。

新增資料庫

執行 **程式集 / PostgreSQL 13 / pgAdmin 4** 開啟資料庫管理程式，在 **Databases** 按滑鼠右鍵，於快顯功能表點選 **Create / Database**。**Database** 欄位輸入資料庫名稱「NTUHQA」，**Owner** 欄位選擇管理者名稱 admin，按 **Save** 鈕完成建立資料庫。

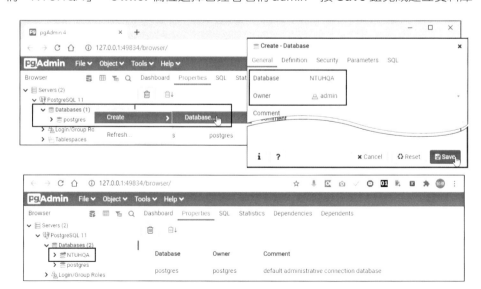

新增資料表

本專題使用 users 資料表儲存使用者 LINE Id 及沒有解答的問題。

程式碼：createtable.py

```python
1  from flask import Flask
2  from flask_sqlalchemy import SQLAlchemy
3
4  app = Flask(__name__)
5  app.config['SQLALCHEMY_DATABASE_URI'] = 'postgresql://
       管理者名稱:管理者密碼@127.0.0.1:5432/NTUHQA'
6  db = SQLAlchemy(app)
7
8  @app.route('/')
9  def index():
10     sql = """
11     CREATE TABLE users (
12     id serial NOT NULL,
13     uid character varying(50) NOT NULL,
14     question character varying(250) NOT NULL,
15     PRIMARY KEY (id))
16     """
17     db.engine.execute(sql)
18     return "資料表建立成功！"
19
20 if __name__ == '__main__':
21     app.run(debug=True)
```

程式說明

- 4-6　　　連接資料庫。

- 10-17　　建立資料表。

- 11　　　資料表名稱。

- 13　　　「uid」欄位存使用者 LINE Id。

- 14　　　「question」欄位儲存沒有解答的問題。因為問題可能很長，此處
　　　　　「character varying」屬性值需設大一點。

執行程式後開啟瀏覽器，網址列輸入「http://127.0.0.1:5000/」：

在資料庫管理頁面 **NTUHQA / Schemas / public / Tables** 中可見到新建立的資料表及欄位名稱。

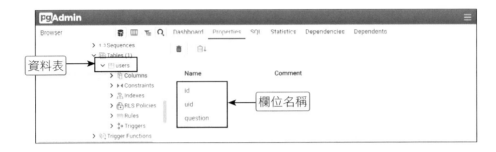

▌ 8.3.2 「使用說明」功能

「使用說明」利用回覆文字訊息顯示本專題的使用方法。關於「使用說明」的程式碼為：

程式碼：linebotQnA.py

```
......
32 @handler.add(MessageEvent, message=TextMessage)
33 def handle_message(event):
34     mtext = event.message.text
35     if mtext == '@使用說明':
36         sendUse(event)
......
41 def sendUse(event):    #使用說明
42     try:
43         text1 ='''
44 這是台大醫院的疑難解答，
45 請輸入關於台大醫院相關問題。
46                 '''
47         message = TextSendMessage(
48             text = text1
49         )
50         line_bot_api.reply_message(event.reply_token,message)
51     except:
52         line_bot_api.reply_message(event.reply_token,
             TextSendMessage(text='發生錯誤！'))
......
```

程式說明

■ 32-36　使用者點選圖文選單 **使用說明** 就執行 sendUse 函式。

■ 43-46　使用「'''」方式定義使用說明文字字串。

■ 47-50　顯示使用說明文字訊息。

執行程式並開啟 ngrok 服務，點選 **使用說明** 的執行結果：

‖ 8.3.3 自動客服功能

使用者若輸入文字就視為發問問題，系統就向知識庫進行查詢，知識庫會以人工智慧方式尋找最佳解答；如果找不到解答，除了回覆無適當解答訊息外，還會將問題寫入資料庫中。關於「自動客服」功能的程式碼為：

程式碼：linebotQnA.py（續）

```
……
24 host = ' 你的主機 '  # 主機
25 endpoint_key = " 你的授權碼 "  # 授權碼
26 kb = " 你的 GUID 碼 "  #GUID 碼
27 method = "/qnamaker/knowledgebases/" + kb + "/generateAnswer"
28
29 app.config['SQLALCHEMY_DATABASE_URI'] = 'postgresql://
       管理者名稱 : 管理者密碼 @127.0.0.1:5432/NTUHQA'
30 db = SQLAlchemy(app)
31
32 @handler.add(MessageEvent, message=TextMessage)
33 def handle_message(event):
34     mtext = event.message.text
35     if mtext == '@ 使用說明 ':
36         sendUse(event)
```

```
37
38    else:
39        sendQnA(event, mtext)29 def sendQnA(event, mtext): #QnA
......
54 def sendQnA(event, mtext):   #QnA
55    question = {
56        'question': mtext,
57    }
58    content = json.dumps(question)
59    headers = {
60        'Authorization': 'EndpointKey ' + endpoint_key,
61        'Content-Type': 'application/json',
62        'Content-Length': len(content)
63    }
64    conn = http.client.HTTPSConnection(host)
65    conn.request ("POST", method, content, headers)
66    response = conn.getresponse ()
67    result = json.loads(response.read())
68    result1 = result['answers'][0]['answer']
69    if 'No good match' in result1:
70        text1 = ' 很抱歉，資料庫中無適當解答！\n請再輸入問題。'
71        # 將沒有解答的問題寫入資料庫
72        userid = event.source.user_id
73        sql_cmd = "insert into users (uid, question) values('"
               + userid + "', '" + mtext +"');"
74        db.engine.execute(sql_cmd)
75    else:
76        result2 = result1[2:]   # 移除「A：」
77        text1 = result2
78    message = TextSendMessage(
79        text = text1
80    )
81    line_bot_api.reply_message(event.reply_token,message)
```

程式說明

- 24-27　設定知識庫各項資訊。

- 29-39　連接記錄無解答問題的資料庫。

- 55-58　取得使用者輸入的問題。

- 59-63　建立發送知識庫請求的表頭。

- 64-65　發送知識庫 POST 請求。

- 66-68　取得解答傳回值。
- 69-74　如果找不到問題的解答會傳回「No good match found in KB.」，所以傳回值包含「No good match」表示沒有解答。
- 72-74　將 LINE Id 及問題寫入資料庫。
- 75-77　傳回值未包含「No good match」表示問題有解答。
- 76　　解答是以「A:」開頭，顯示時不需要顯示「A:」，「result1[2:]」是移除前 2 個字元。

在 LINE Bot 中輸入文字詢問的執行結果：

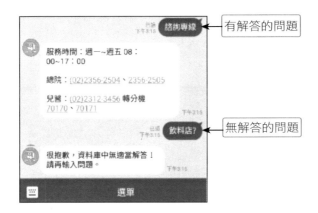

▌ 8.3.4 增加知識庫資料

目前知識庫中的資料只有 55 筆，使用者詢問的問題很多都得不到解答，這些沒有解答的問題都會記錄在資料庫中。系統維護者可每隔一段時間，查看資料庫記錄的問題評估是否要加入知識庫中。

在資料管理頁面 **users** 資料表按滑鼠右鍵，於快顯功能表點選 **View/Edit Data / All Rows** 查看記錄的問題。

question 欄位資料即是無解答的問題，記錄需要加入知識庫的問題。

接著要清空資料表以便重新記錄問題：於 **users** 資料表按滑鼠右鍵，於快顯功能表點選 **Query Tool** 開啟輸入 SQL 命令視窗，輸入「DELETE FROM public.users」命令，按右上角 ▶ 圖示就會清除資料表中所有資料。

登入「https://www.qnamaker.ai」知識庫頁面，點選 **NTUHQA** 知識庫，按 **Add QnA pair** 鈕輸入資料，直到所有資料都建置完成。修改資料後，記得要按 **Save and train** 及 **PUBLISH** 鈕儲存與重新發布，修改的資料才會生效。

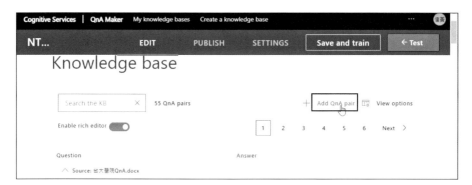

09

CHAPTER

專題：天氣匯率萬事通

9.1 專題方向

在手機上查詢天氣及匯率資料是許多人常用的功能，若能在 LINE 中查詢，不必額外安裝 APP，就更方便了！

本專題利用微軟公司提供 LUIS 自然語言處理功能，以人工智慧方式解析使用者輸入的文句，判斷文句的意向並找出關鍵字（實體），若是屬於縣市天氣或匯率問題，就回覆相關資料。

專題檢視

- 「使用說明」功能讓使用者了解本專題應用程式的使用方法。

- 使用者輸入的文字就視為要查詢縣市天氣或匯率，系統以 LUIS 判斷文句意向，若傳回的意向為「縣市天氣」，就擷取實體傳回值的縣市名稱，由氣象局公開資料取得該縣市天氣資料回覆使用者。

- 若傳回的意向為「匯率查詢」，就擷取實體傳回值的貨幣名稱，以 twder 模組取得該貨幣的匯率資料回覆使用者。

9.2　關鍵技術

LUIS 是微軟一項人工智慧的自然語言處理技術，是以「意向」及「關鍵字 (實體)」為核心，判斷使用者輸入文句的主要意義。

在這個大數據的時代，氣象局提供了許多公開資料讓民眾使用，設計者可以利用 API 來取得這些資料。以往要取得台灣銀行的即時匯率資料，必須以爬蟲技術分析網頁來得到所需的匯率資料。twder 模組的功能是取得台灣銀行匯率資料，只要一列程式碼就能達成目的。

▌9.2.1　LUIS 是什麼？

LUIS 是 Language Understanding Intelligent Services 的縮寫，意為智慧理解語言服務。LUIS 並不是全面分析語句的含義，而是根據特殊目的判斷語句的意向 (Intent)，並找出語句中的關鍵字 (Entity，官網中的中文翻譯為「實體」)。

以本章專題為例，「縣市天氣」意向的資料為：(粗體字為實體)

高雄天氣如何？
南投下雨嗎？
台北出大太陽
台南早上有霧
……

「匯率查詢」意向的資料為：

美金匯率為多少？
日幣一元換新台幣多少元？
港幣和新台幣換算比率為多少？
泰銖匯率為多少？
……

例如使用者輸入「台東現在正在下雨」，LUIS 會判斷這句話的意向是「縣市天氣」，同時找出實體為「台東」(「台東」不在「縣市天氣」意向的資料中)，我們就可擷取台東的天氣資料傳送給使用者。

如果使用者輸入「人民幣一元換新台幣多少元？」，LUIS 就會判斷這句話的意向是「匯率查詢」，同時找出實體為「人民幣」(「人民幣」不在「匯率查詢」意向的資料中)，我們就可取得人民幣的匯率資料傳送給使用者。

▎9.2.2 建立 LUIS 應用

如果只是要測試 LUIS 功能，就只需要 Microsoft 帳號即可；若還要以程式使用 LUIS 功能，就需要 Azure 帳號建立資源。

開啟 LUIS 首頁「https://www.luis.ai/」，以 Microsoft 帳號登入 (前一章應已申請 Microsoft 帳號，如果沒有，就先申請一個)：

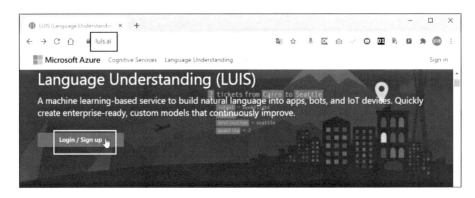

登入後，核選 **I agree that this service……** 項目，此處先使用不需 Azure 帳號的功能：核選 **Continue using your trial key**，最後按 **Continue** 鈕。

按 **New app** 鈕，於 **Create new app** 對話方塊 **Name** 欄輸入應用程式名稱，**Culture** 欄在下拉式選單選取 **Chinese**，**Description** 欄可填可不填，都輸入完畢後按 **Done** 鈕建立新應用。

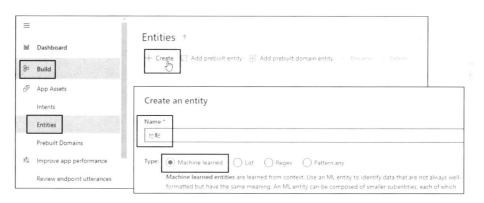

左方點選 **Build** 項目可建立 LUIS 資料。建立資料時，請先建立「實體」再建立「意向」，這樣可以在建立意向後立刻輸入資料。左方點選 **Entities** 項目，按 **Create**鈕，於 **Create an entity** 對話方塊 **Name** 欄輸入「地點」，**Type** 欄核選 **Machine learned**，輸入完畢後按 **Create** 鈕建立新實體。

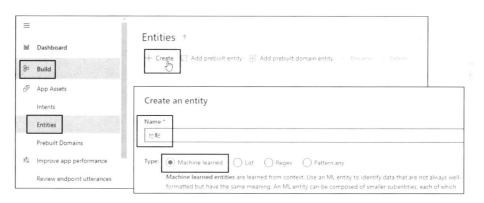

左方點選 **Intents** 項目，按 **Create** 鈕，於 **Create new intent** 對話方塊 **Intent name** 欄輸入「縣市天氣」，輸入完畢後按 **Done** 鈕建立新意向。

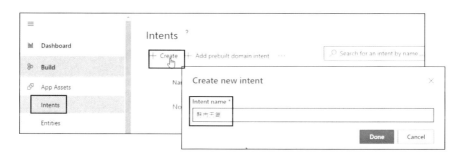

點選 **Example user input** 下方的輸入框，輸入縣市天氣的資料：本範例的 LUIS 資料皆存於本章範例 <LUISdata.txt> 文字檔中，讀者可以複製後，再於此處輸入框貼上，輸入完畢後按 **Enter** 鍵建立此筆資料。

每筆資料至少要標記一個「實體」，此處要標記的實體為「高雄」：將滑鼠移到「高」字的左方，在「[」符號上按滑鼠左鍵做為實體標記的起點。

將滑鼠移到「雄」字與「天」字的中間，在「]」符號上按滑鼠左鍵做為實體標記的終點。實體文字選取完成後，在彈出式選單點選 **地點**，表示「高雄」是「地點」實體，如此就完成此筆資料輸入。

完成後會顯示選取文字及實體名稱。

重複上述步驟七次，分別建立 \<LUISdata.txt\> 檔中另外七筆資料，標示的「地點」實體文字為縣市名稱，如下圖所示，總共有八筆資料，完成「縣市天氣」意向資料建置。

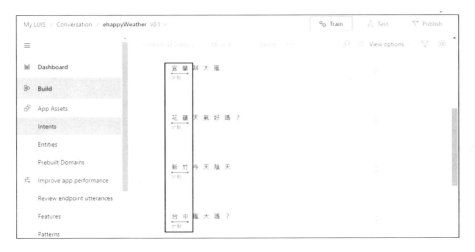

再以相同方式建立「匯率查詢」意向：新建「幣別」實體及「匯率查詢」意向。

依序建立 \<LUISdata.txt\> 檔中八筆資料，標示的「幣別」實體文字為各國貨幣名稱，如下圖所示。

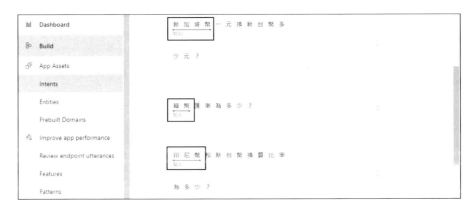

9.2.3 訓練、測試與發布 LUIS

訓練 LUIS

LUIS 資料建置完成後還不能使用，必須經過「訓練」才能發揮其功能．注意上方 **Train** 按鈕左方的圖示是紅色，表示有資料尚未訓練，按 **Train** 鈕。

訓練需一點時間，完成後上方 **Train** 按鈕左方的圖示會變成黑色，表示所有資料都已訓練完成，此時就可以開始測試及發布了！

測試 LUIS

要如何得知建置完成的 LUIS 效果如何呢？ LUIS 後台管理的測試功能，只要輸入文句，系統就會尋找最匹配的意向及實體，如此即可知道 LUIS 的判斷是否正確，做為 LUIS 資料改進的參考。請按 **Test** 鈕進行測試：

於彈出視窗輸入文句 (輸入的「台東」在 LUIS 資料並不存在)，按 **Enter** 鍵就進行判斷。右圖為判斷結果：系統成功找到「縣市天氣」意向，同時給予信任分數，按右方 **Inspect** 可查看詳細內容。

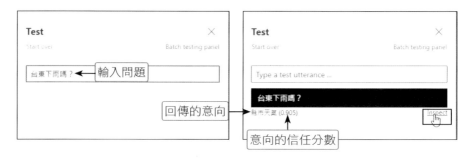

在詳細資料可看到系統正確判斷找到的實體為「地點」類別，文字為「台東」。

發布 LUIS

如果要在程式或瀏覽器中使用 LUIS，LUIS 必須先進行發布程序。點選右上角 **Publish** 鈕就可以發布 LUIS。按 **Publish** 鈕即可發布，接著於 **Choose your oublishing slot settings** 對話方塊核選 **Production Slot** 發布為產品型態，按 **Done** 鈕完成發布。

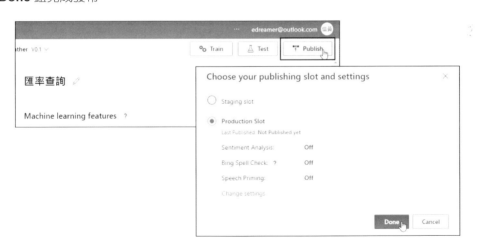

▍9.2.4 以程式執行 LUIS 功能

要以程式使用 LUIS 功能，就需要 Azure 帳號建立資源。若還沒有申請 Azure 帳號並建立資源，請先參考前一章操作。

點選 **Manage / Azure Resources**，再按 **Add prediction resource** 鈕建立資源。

Azure subscriotion Name 欄選擇訂用帳戶 **Free Trial**，**AzureResouces Group Name** 欄選取已建立的資源，此處選上一章建立的 **ehappyQna**，**Azure resource Name** 欄輸入任意名稱，**Pricing Tier** 欄選取免費的 **F0**，按 **Done** 鈕完成設定。

Manage / Settings 頁面會顯示 App ID，此 ID 將在程式中使用。

Manage / Azure Resources 頁面會顯示有兩組 Key 程式中使用任一組皆可。系統貼心的準備了 **Example Query**，其中已包含 App ID 及 Key，可利用此連結使用 LUIS 功能。按 📋 圖示可複製 **Example Query**。

Example Query 是呼叫 LUIS API 的網址，其中已包含 App ID 及 Key，結構為：

```
https://westus.api.cognitive.microsoft.com/luis/prediction/v3.0/
    apps/你的 Application ID/slots/production/predict?subscription-key=
    你的 Key&verbose=true&show-all-intents=true&log=true&query=查詢文句
```

只要在瀏覽器網址列貼上此網址，在網址最後 (「&query=」的後面) 加上 LUIS 查詢文句，就會傳回結果：

查詢結果是以 JSON 格式傳回，不易觀察其結構，可以利用線上解析 JSON 碼的網站進行樹狀顯示。開啟「https://codebeautify.org/jsonviewer」頁，將 JSON 文字貼在左邊，右邊就會顯示解析結果：

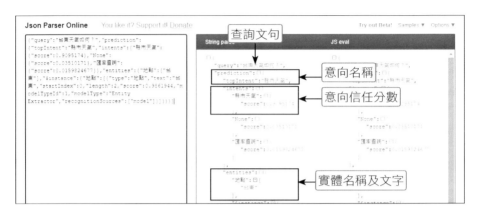

以上圖為例，若儲存 JSON 結果的變數為 result，則「result["prediction"]['topIntent']」可取得意向名稱 (上圖中的「縣市天氣」)，「result["prediction"]['entities']['地點'][0]」，可取得實體文字 (上圖中的「台東」)。

以程式進行 LUIS 查詢

瀏覽器成功完成 LUIS 查詢功能，只要在程式中讀取終結點網頁資料，就能以程式進行 LUIS 查詢，進而處理 LUIS 的傳回值了！

程式碼：LUIS1.py

```python
1 import requests
2
3 text = '台東天氣如何？'
4 r = requests.get('https://westus.api.cognitive.microsoft.com/
    luis/prediction/v3.0/你的 App ID/slots/production/predict?
    subscription-key=你的 Key&verbose=true&show-all-intents=
    true&log=true&query=' + text)
5 result = r.json()
6 #print(result)
7 city = ''
8 try:
9     if result["prediction"]['topIntent'] == '縣市天氣':
10        city = result["prediction"]['entities']['地點'][0]
11        if not city == '':
12            print('縣市名稱：' + city)
13        else:
14            print('找不到地點！')
15    else:
```

```
16          print(' 無法判斷文句！')
17 except:
18      print('LUIS 產生錯誤！')
```

程式說明

▨	3	LUIS 查詢文句。
▨	4	以 LUIS 查詢網址加查詢文句讀取網頁內容。
▨	6	如果將此列取消核選，顯示內容和前面瀏覽器內容相同。
▨	7	設 city 變數初始值為空字串。
▨	8-21	處理 LUIS 傳回資料。
▨	9	支得 LUIS 意向。
▨	10	取得實體文字。
▨	11-12	若取得實體值就顯示。
▨	13-14	若 city 變數仍為空字串就表示沒有找到實體值。
▨	15-16	如果沒有找到「縣市天氣」意向就顯示提示訊息。

執行結果：

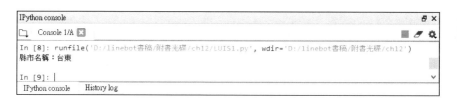

▌9.2.5 擷取縣市氣象資料

氣象局公開資料授權碼

中央氣象局公開資料平台提供多種氣象資料讓民眾使用，為了避免資料被濫用，必須先在氣象局網站註冊並取得授權碼才能使用氣象資料。

開啟中央氣象局會員登入網頁「https://pweb.cwb.gov.tw/CWBMEMBER3/」，按 **加入氣象會員** 鈕申請會員，請遵照指示完成會員申請程序。

開啟中央氣象局公開資料網頁「https://opendata.cwb.gov.tw/index」，按 **登入 / 註冊** 鈕登入公開資料網站：於 **會員登入** 對話方塊輸入中央氣象局會員的帳號及密碼，核選 **我不是機器人**，按 **氣象會員登入** 鈕。

登入後點選右上角 **會員資訊**，於下拉式選單點選 **API 授權碼**，在 **API 授權碼** 頁面按 **取得授權碼** 鈕，右方就會出現一長串紅色文字，這就是氣象局公開資料授權碼，複製授權碼以便在程式中使用。

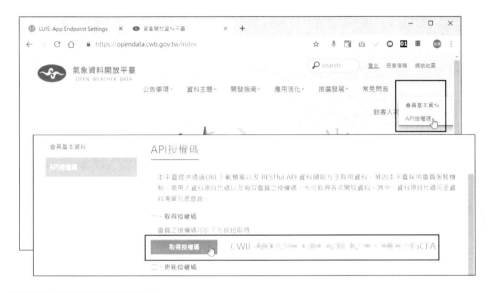

取得氣象資料語法

有了氣象局公開資料 API 授權碼，就可以利用氣象局提供的 API 來取得氣象資料，語法為：

```
https://opendata.cwb.gov.tw/fileapi/v1/opendataapi/資料代碼?downloadType
=WEB&format=JSON&Authorization=授權碼
```

- **資料代碼**：天氣資料類型，本專題使用的是「F-C0032-001」為中文一般天氣預報 - 今明 36 小時天氣預報等。資料代碼意義請參考 https://opendata.cwb.gov.tw/opendatadoc/MFC/ForecastElement.pdf。天氣資料代號為「F-C0032-001」。

- **授權碼**：氣象局公開資料 API 授權碼。

本專題使用 36 小時天氣預報資料，於瀏覽器網址列輸入「https://opendata.cwb.gov.tw/fileapi/v1/opendataapi/F-C0032-001?downloadType=WEB&format=JSON&Authorization= 授權碼」即可取得即時天氣資料，格式是 JSON。

查看氣象資料內容

建議可以先使用線上工具，如 JSON Viewer (https://codebeautify.org/jsonviewer) 查看資料內容：

1. 請由「https://codebeautify.org/jsonviewer」進入工具畫面，按下 **Load Url** 鈕，在開啟的對話方塊將氣象局的 API 網址貼上，再按下 **Load** 鈕載入資料。

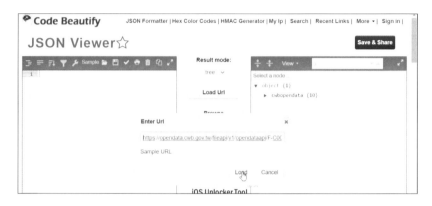

2. 在左方會顯示資料原始內容，右方就會整理成結構化資料。根據分析所有縣市的資料，路徑為 cwbopendata / dataset / location，一共有 22 筆資料。

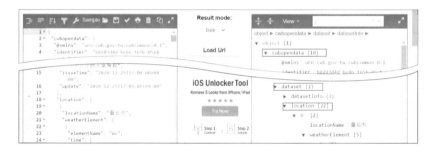

3. 每一筆資料中有二個鍵：locationName 為縣市名，另一個 weatherElement 中又有 5 個資料，每筆的 elementName 分別為天氣狀況 (Wx)、最高溫度 (MaxT)、最低溫度 (MinT)、舒適度 (CI)、降雨機率 (PoP)。

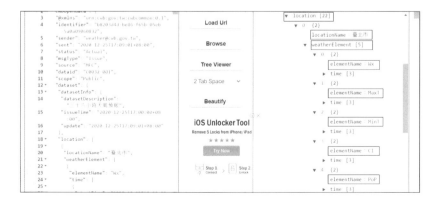

4. 除了 elementName 之外還有 time
   欄位，之下有 3 筆資料，這裡取
   第一筆資料天氣狀況 (Wx) 之下的
   parameter / parameterName，就
   能取得天氣狀況的值。

```
▼ weatherElement [5]
  ▼ 0  {2}
      elementName：Wx
    ▼ time [3]
      ▼ 0  {3}
          startTime：2020-12-25T18:00:00+08:00
          endTime：2020-12-26T06:00:00+08:00
        ▼ parameter {2}
            parameterName：多雲時晴
            parameterValue：3
      ▶ 1  {3}
      ▶ 2  {3}
```

解析天氣資料

下面範例會讀取 F-C0032-001 取得天氣資料顯示，使用者可以輸入縣市名稱查詢其
天氣的狀況。

程式碼：getWeather.py

```python
1   import requests
2
3   user_key = " 你的氣象 API 授權碼 "
4   doc_name = "F-C0032-001"
5
6   url = 'https://opendata.cwb.gov.tw/fileapi/v1/opendataapi/%s?
                        downloadType=WEB&format=JSON&
                        Authorization=%s' % (doc_name,user_key)
7   datas = requests.get(url).json()
8
9   column = [' 天氣狀況 ',' 最高溫 ',' 最低溫 ',' 舒適度 ',' 降雨機率 (%)']
10  county = input(' 請輸入查詢的縣市名：')
11  for data in datas['cwbopendata']['dataset']['location']:
12      if data['locationName'] == county.replace(' 台 ', ' 臺 '):
13          for i in range(len(data['weatherElement'])):
14              print(column[i], end=':')
15              print(data['weatherElement'][i]['time'][0]
                                ['parameter']['parameterName'])
16          break
17  else:
18      print(' 沒有相關資料！')
```

程式說明

- 1   匯入讀取網頁的模組。

- 4   36 小時天氣預報的資料代碼。

- 6   氣象局公開資料 API。

- 7   取得 json 格式氣象資料儲存到 datas 變數中。

- 9   設定天氣資料項目標題到 column 串列中。

- 10   顯示詢問縣市的輸入欄位輸入到 country 變數中。

- 11   由 json 中取出所有縣市的資料存入串列中，一共有 22 筆：

  datas['cwbopendata']['dataset']['location']

- 12   由取出的縣市資料串列中取出每筆的縣市名，以第一筆為例就是：

  datas['cwbopendata']['dataset']['location'][0]
  ['locationName']

  再以這個值與剛才取得的 country 比對，如果相等該筆資料即為要查
  詢的縣市，接著就要調出該縣市的天氣資訊。

  因為縣市名稱資料中的「台」都用「臺」，所以用字串函數 replace() 進
  行取代轉換。

- 13-16   每個縣市有 5 個天氣資料要顯示，用迴圈由 column 將名稱欄位調出，
  再將所屬的天氣資訊調出，以第一個縣市第一個天氣資訊為例：

  data['weatherElement'][0]['time'][0]['parameter']
  ['parameterName']

  如果找到了資料即用 break 跳出迴圈結束程式。

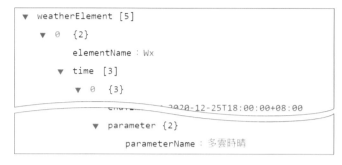

■ 17-18　　如果沒有找到資料即顯示沒有相關資料。

執行結果：

9.2.6 twder 匯率模組

以往取得即時匯率資料的方式就是撰寫爬蟲程式，而 twder 模組則是擷取台灣銀行新台幣匯率報價，使用者可以輕易的抓到匯率資料。

在命令提示字元視窗以下列指令安裝 twder 模組：

```
pip install twder
```

程式中使用 twder 模組需先匯入模組：

```
import twder
```

twder 模組提供幾個匯率相關的方法，首先是取得所有貨幣代碼的方法：

```
twder.currencies()
```

傳回值為：

```
['USD', 'HKD', 'GBP', 'AUD', 'CAD', 'SGD', 'CHF', 'JPY', 'ZAR', 'SEK',
    'NZD', 'THB', 'PHP', 'IDR', 'EUR', 'KRW', 'VND', 'MYR', 'CNY']
```

貨幣代碼的幣別如下表：

貨幣代碼	貨幣	貨幣代碼	貨幣	貨幣代碼	貨幣
USD	美元	JPY	日幣	IDR	印尼幣
HKD	港幣	ZAR	南非幣	EUR	歐元
GBP	英鎊	SEK	瑞典幣	KRW	韓幣
AUD	澳幣	NZD	紐幣	VND	越南幣
CAD	加幣	THB	泰銖	MYR	馬來幣
SGD	新幣	PHP	菲律賓幣	CNY	人民幣
CHF	瑞士法郎				

取得所有貨幣匯率的語法為：

```
twder.now_all()
```

傳回值為：

```
{'USD': ('2019/06/14 16:00', '31.115', '31.785', '31.465', '31.565'),
 'HKD': ('2019/06/14 16:00', '3.861', '4.077', '3.997', '4.057'),
 'GBP': ('2019/06/14 16:00', '38.72', '40.84', '39.72', '40.14'),
 ......
```

貨幣資料括號內數值的意義為：

```
( 時間 , 現金買入 , 現金賣出 , 即期買入 , 即期賣出 )
```

最後是取得單一貨幣的匯率資料，語法為：

```
twder.now( 貨幣代碼 )
```

例如取得美元的匯率資料：

```
twder.now('USD')
```

傳回值格式與「twder.now_all()」方法相同。

下面範例擷取美元的各種匯率。

程式碼：**exchange.py**

```
1 import twder
2
```

```
3 currencies = {'美金':'USD','美元':'USD','港幣':'HKD',
      '英鎊':'GBP','澳幣':'AUD','加拿大幣':'CAD',\
4               '加幣':'CAD','新加坡幣':'SGD','新幣':'SGD',
      '瑞士法郎':'CHF','瑞郎':'CHF','日圓':'JPY',\
5               '日幣':'JPY','南非幣':'ZAR','瑞典幣':'SEK',
      '紐元':'NZD','紐幣':'NZD','泰幣':'THB',\
6               '泰銖':'THB','菲國比索':'PHP','菲律賓幣':'PHP',
      '印尼幣':'IDR','歐元':'EUR','韓元':'KRW',\
7               '韓幣':'KRW','越南盾':'VND','越南幣':'VND',
      '馬來幣':'MYR','人民幣':'CNY' }
8 keys = currencies.keys()
9 tlist = ['現金買入', '現金賣出', '即期買入', '即期賣出']
10 currency = '美元'
11 show = currency + '匯率:\n'
12 if currency in keys:
13     for i in range(4):
14         exchange = float(twder.now(currencies[currency])[i+1])
15         show = show + tlist[i] + ':' + str(exchange) + '\n'
16     print(show)
17 else:
18     print('無此貨幣資料！')
```

程式說明

- 1　　　匯入匯率模組。

- 3-7　　建立貨幣名稱與貨幣代碼字典。

- 8　　　取得字典的「鍵」，即貨幣名稱。

- 9　　　建立顯示匯率標題。

- 10　　 要查詢的貨幣名稱。

- 12　　 如果查詢的貨幣名稱存在才執行 13-16 列程式。

- 13-15　依序取得四種匯率資料。

執行結果：

9.3 實戰：天氣匯率萬事通

絕大多數人手機不離身，在手機上查詢天氣及匯率資料是許多人常用的功能，若能在 LINE 中查詢，就更方便了！

本專題利用微軟公司提供 LUIS 自然語言處理功能，以人工智慧方式解析使用者輸入的文句，判斷文句的意向並找出關鍵字 (實體)，若是屬於縣市天氣或匯率問題，就回覆相關資料。

9.3.1 「使用說明」功能

本節範例：在 LINE 開發者頁面建立「天氣匯率萬事通」LINE Bot，加入圖文選單：版型使用「小型」的第五個版型 (一個項目)，圖形上傳本章範例 <media/ehappyLUIS.png>，項目類型選擇「文字」，傳送的文字設定為 @ 使用說明。接著建立 Flask 程式 <linebotLUIS.py>，讓 LINE Bot 回應使用者點選圖文選單功能。

如果尚未進行前一節操作，則需先安裝本節所需模組：

```
pip install twder
```

「使用說明」利用回覆文字訊息顯示本專題的使用方法，程式碼為：

程式碼：linebotLUIS.py

```
......
 8  import requests
 9  import twder  # 匯率套件
10  try:
11      import xml.etree.cElementTree as et
12  except ImportError:
13      import xml.etree.ElementTree as et
......
40  @handler.add(MessageEvent, message=TextMessage)
41  def handle_message(event):
42      mtext = event.message.text
43      if mtext=='@使用說明':  # 顯示使用說明
44          sendUse(event)
......
49  def sendUse(event):  # 使用說明
```

```
50    try:
51        text1 ='''
52 查詢天氣：輸入「XXXX 天氣如何？」，例如「高雄天氣如何？」
53        輸入「XXXX 有下雨嗎？」，例如「台中有下雨嗎？」
54
55 查詢匯率：輸入「XXXX 匯率為多少？」，例如「美金匯率為多少？」
56        輸入「XXXX 一元換新台幣多少元？」，例如「英鎊一元換新台幣多少元？」
57            '''
58        message = TextSendMessage(
59            text = .text1
60        )
61        line_bot_api.reply_message(event.reply_token,message)
62    except:
63        line_bot_api.reply_message(event.reply_token,
                TextSendMessage(text=' 發生錯誤！'))
......
```

程式說明

■ 8-13　　匯入讀取、分析網頁及匯率的模組。

■ 40-44　使用者點選圖文選單 **使用說明** 就執行 sendUse 函式。

■ 51-57　使用「'''」方式定義文字字串。

■ 58-60　顯示文字訊息。

開啟本機及 ngrok 伺服器，點選 **使用說明** 的執行結果：

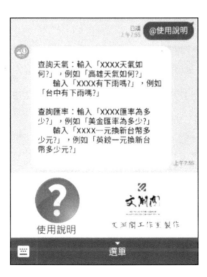

9.3.2 縣市天氣功能

使用者輸入的文字就視為要查詢縣市天氣或匯率，系統以 LUIS 判斷文句意向，若傳回的意向為「縣市天氣」，就擷取實體傳回值的縣市名稱，由氣象局公開資料取得該縣市天氣資料回覆使用者。

程式碼：linebotLUIS.py（續）

```
......
24 user_key = " 你的氣象 API 授權碼 "
25 doc_name = "F-C0032-001"
26
27 cities = [ " 臺北 "," 新北 "," 桃園 "," 臺中 "," 臺南 "," 高雄 "," 基隆 ",
                " 新竹 "," 嘉義 "]   # 市
28 counties = [" 苗栗 "," 彰化 "," 南投 "," 雲林 "," 嘉義 "," 屏東 "," 宜蘭 ",
                " 花蓮 "," 臺東 "," 澎湖 "," 金門 "," 連江 "]    # 縣
......
36 @handler.add(MessageEvent, message=TextMessage)
37 def handle_message(event):
38     mtext = event.message.text
39     if mtext=='@ 使用說明 ':   # 顯示使用說明
40         sendUse(event)
41
42     else:   # 一般性輸入
43         sendLUIS(event, mtext)
......
59 def sendLUIS(event, mtext):   #LUIS
60     try:
61         r = requests.get('https://westus.api.cognitive.
                microsoft.com/luis/prediction/v3.0/ 你的 App ID/
                slots/production/predict?subscription-key= 你的 Key&
                verbose=true&show-all-intents=true&log=true&
                query=' + text)
62         result = r.json()
63         city = ''
64         money = ''
65         if result["prediction"]['topIntent'] == ' 縣市天氣 ':
66             city = result["prediction"]['entities'][' 地點 '][0]
......
69         if city != '':   # 天氣類地點存在
70             flagcity = False   # 檢查是否為縣市名稱
71             city = city.replace(' 台 ', ' 臺 ')   # 氣象局資料使用「臺」
```

```
72          if city in cities:   #加上「市」
73              city += '市'
74              flagcity = True
75          elif city in counties:   #加上「縣」
76              city += '縣'
77              flagcity = True
78          if flagcity:   #是縣市名稱
79              weather = city + '天氣資料：\n'
80              api_link = "https://opendata.cwb.gov.tw/fileapi/v1/
                            opendataapi/%s?Authorization=%s
                            &downloadType=WEB&format=JSON"
                            % (doc_name,user_key)
81              datas = requests.get(api_link).json()
82              column = ['天氣狀況','最高溫','最低溫','舒適度','降雨機率(%)']
83              for data in datas['cwbopendata']['dataset']['location']:
84                  if data['locationName'] == city:
85                      for i in range(len(data['weatherElement'])):
86                          weather += column[i] + '：'
87                          weather += data['weatherElement']
                                [i]['time'][0]['parameter']
                                ['parameterName'] + '\n'
88                      weather = weather[:-1]   #移除最後一個換行
89                      break
90              line_bot_api.reply_message(event.reply_token,
                            TextSendMessage(text=weather))
91          else:
92              line_bot_api.reply_message(event.reply_token,
                            TextSendMessage(text='無此地點天氣資料！'))
......
```

程式說明

- **28-29** 氣象公開資料授權碼及 36 小時氣象預報資料代碼。

- **27-28** 氣象資料縣市名稱有「市」或「縣」，使用者輸入時大多沒有加「市」或「縣」，因此建立「市」或「縣」串列，在 79-84 列程式將使用者輸入的縣市名稱加上「市」或「縣」，以符合氣象資料。

- **42-43** 使用者輸入一般文字就執行 sendLUIS 函式。

- **61-62** 取得 LUIS 查詢結果。

- **63-64** 設定縣市名稱及貨幣名稱初始值為空字串。

- **65** 如果 LUIS 取得的意向為「縣市天氣」就執行 66 列程式。

■ 66　　如果 LUIS 取得的實體為「地點」就將縣市名稱存入 city 變數中。

■ 69　　如果 city 不是空字串表示取得縣市名稱，就執行 70-92 列程式。

■ 70　　flagcity 記錄 city（LUIS 取得的實體「地點」）是否為縣市名稱。

■ 71　　氣象資料縣市名稱中的「臺」，使用者常輸入為「台」，此列程式將「台」轉換為「臺」。

■ 72-74　若縣市名稱在「市」串列中，則將縣市名稱加上「市」。

■ 75-77　若縣市名稱在「縣」串列中，則將縣市名稱加上「縣」。

■ 78　　如果縣市名稱正確就執行 86-109 列程式。

■ 79-87　由氣象局公開資料取得查詢縣市的各項天氣資料，程式解說請參考前一節說明。

■ 88　　weather 顯示字串最後有換行符號「\n」，顯示時會多出一列空白列，此列程式移除最後換行符號。

■ 91-92　如果 LUIS 取得的實體「地點」值不是縣市名稱，將無法取得天氣資料，回覆使用者「無此地點天氣資料！」。

在 LINE Bot 中輸入文字詢問縣市天氣的執行結果：

增加 LUIS 資料數量

經過實測，因為建立的資料數量太少，LUIS 尋找「實體」值的效果並不理想。建議可將無法辨識的文句加入LUIS資料庫，甚至模仿前一章 QnA 用資料庫記錄無法辨識的文句以便加入資料庫，下一小節的匯率查詢亦然。

9.3.3 匯率查詢功能

使用者輸入的文字就視為要查詢縣市天氣或匯率，系統以 LUIS 判斷文句意向，若傳回的意向為「匯率查詢」，就擷取實體傳回值的貨幣名稱，以 twder 模組取得該貨幣的匯率資料回覆使用者。

程式碼：linebotLUIS.py（續）

```
......
29 currencies = {'美金':'USD','美元':'USD','港幣':'HKD',
      '英鎊':'GBP','澳幣':'AUD','加拿大幣':'CAD',\
30             '加幣':'CAD','新加坡幣':'SGD','新幣':'SGD',
      '瑞士法郎':'CHF','瑞郎':'CHF','日圓':'JPY',\
31             '日幣':'JPY','南非幣':'ZAR','瑞典幣':'SEK',
      '紐元':'NZD','紐幣':'NZD','泰幣':'THB',\
32             '泰銖':'THB','菲國比索':'PHP','菲律賓幣':'PHP',
      '印尼幣':'IDR','歐元':'EUR','韓元':'KRW',\
33             '韓幣':'KRW','越南盾':'VND','越南幣':'VND',
      '馬來幣':'MYR','人民幣':'CNY' }
34 keys = currencies.keys()
......
67         elif result["prediction"]['topIntent'] == '匯率查詢':
68             money = result["prediction"]['entities']['幣別'][0]
......
93     elif not money == '':   #匯率類幣別存在
94         if money in keys:
95             rate = float(twder.now(currencies[money])[3])
                    #由匯率套件取得匯率
96             message = money + '的匯率為' + str(rate)
97             line_bot_api.reply_message(event.reply_token,
                    TextSendMessage(text=message))
98         else:
99             line_bot_api.reply_message(event.reply_token,
                    TextSendMessage(text='無此幣別匯率資料！'))
100    else:   #其他未知輸入
101        text = '無法了解你的意思，請重新輸入！'
102        line_bot_api.reply_message(event.reply_token,
                TextSendMessage(text=text))
103
104    except:
105        line_bot_api.reply_message(event.reply_token,
                TextSendMessage(text='執行時產生錯誤！'))
```

程式說明

- ▣ 29-34　建立貨幣名稱與貨幣代碼字典。
- ▣ 34　　取得字典的「鍵」，即貨幣名稱。
- ▣ 67　　如果 LUIS 取得的意向為「匯率查詢」就執行 68 列程式。
- ▣ 68　　如果 LUIS 取得的實體為「幣別」就將貨幣名稱存入 money 變數中。
- ▣ 93　　如果 money 不是空字串表示取得貨幣名稱，就執行 94-97 列程式。
- ▣ 94　　如果貨幣名稱正確就執行 95-97 列程式。
- ▣ 95　　以 twder 模組取得該貨幣的匯率資料。
- ▣ 96-97　顯示匯率資料。
- ▣ 100-102 無法取得意向或實體就顯示提示訊息。

在 LINE Bot 中輸入文字查詢匯率的執行結果：

專題：發票對獎小幫手

⊙ **專題方向**

⊙ **關鍵技術**

取得即時發票中獎號碼

處理連續性輸入資料

⊙ **實戰：發票對獎小幫手**

資料表結構

「使用說明」功能

「本期中獎」功能

「前期中獎」功能

「三碼對獎」功能：輸入發票最後三碼

輸入發票前五碼

10.1 專題方向

現在人們進行消費行為時，已習慣了索取發票，遇到不需開發票的店家，還以為對方逃漏稅呢！每月總會累積數十至數百張發票，發票對獎成了每兩個月的樂趣，中個小獎更能興奮好一陣子。

發票對獎 LINE Bot 只需加入好友，不需另外安裝 APP，在 LINE 中就可輕鬆對獎。本專題功能相當齊全，可以查看本期及前期的中獎號碼，也可以先輸入最後三碼，若最後三碼有符合的情況才輸入前五碼，如此可大幅提升對獎效率。

專題檢視

■ 「使用說明」功能讓使用者了解本專題應用程式的使用方法。

■ 「本期中獎號碼」功能會擷取財政部統一發票中獎號碼網頁資料，取得本期中獎號碼，使用者若要手動對獎的話，可參考本功能對獎。

■ 「前期中獎號碼」功能會擷取財政部統一發票中獎號碼網頁資料，取得前兩期中獎號碼，使用者若有本期之前發票的話，可使用本功能對獎。

■ 對獎時，使用者輸入發票最後三碼，若有符合的中獎號碼，會提示使用者輸入發票前五碼，使用者輸入發票前五碼後就顯示中獎情況。

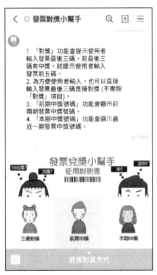

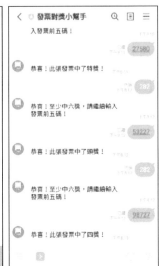

10.2 關鍵技術

財政部網站中有發票中獎號碼網頁，方便民眾對獎，更提供了 RSS 發票中獎號碼 XML 網頁，其中包含了近幾年所有中獎號碼，本專題擷取最近三期發票中獎號碼讓使用者進行對獎。

發票對獎程序分為兩階段：先輸入最後三碼，如果最後三碼有中獎，再讓使用者輸入前五碼，這樣可以大幅提高對獎效率。對於這種連續性資料，LINE Bot 處理非常困難，需以資料庫記錄做為連續資料的標記。

▍10.2.1 取得即時發票中獎號碼

發票中獎號碼網頁

財政部提供發票中獎號碼 RSS 網頁的網址為「http://invoice.etax.nat.gov.tw/invoice. xml」：

每一個 <item> 標籤就是一期發票中獎號碼，且是按照日期遞減排序，第一個 <item> 標籤即為最近一期發票中獎號碼。

<title> 標籤內容為日期，<description> 標籤內容為發票中獎號碼。

xml.etree.ElementTree 模組

由於發票中獎號碼網頁為 XML，因此使用 Python 內建的 xml.etree.ElementTree 模組來解析最為方便。

首先要匯入 xml.etree.ElementTree 模組，語法為：

```
try:
    import xml.etree.cElementTree as ET
except ImportError:
    import xml.etree.ElementTree as ET
```

xml.etree.ElementTree 模組有兩種：「xml.etree.cElementTree」模組是以 C 語言編譯，佔用的資源較小且執行速度較快；「xml.etree.ElementTree」模組佔用的資源較大且執行速度較慢。不同 Python 版本內建的模組不同，因此先嘗試匯入 xml.etree.cElementTree 模組，若該模組不存在才匯入 xml.etree.ElementTree 模組。

取得 XML 根目錄

所有 XML 解析要由根目錄開始，xml.etree.ElementTree 取得根目錄的語法為；

```
變數 = ET.fromstring(XML 文字內容 )
```

以發票中獎號碼 XML 網頁為例，變數名稱設為 tree：

```
import requests
content = requests.get('http://invoice.etax.nat.gov.tw/invoice.xml')
tree = ET.fromstring(content.text)
```

tree 的資料型態是 Element，主要屬性有三個：

- **tag**：標籤名稱。
- **attrib**：屬性名稱及值，可能有多個，型態為字典。
- **text**：內容 (值)。

程式碼：tree1.py

```
1 import requests
2 try:
3     import xml.etree.cElementTree as ET
4 except ImportError:
```

```
 5      import xml.etree.ElementTree as ET
 6
 7 content = requests.get('http://invoice.etax.nat.gov.tw/invoice.xml')
 8 tree = ET.fromstring(content.text)
 9
10 print(' 根目錄標籤：' + tree.tag)
11 print(' 根目錄屬性：' + str(tree.attrib))
12 print(' 根目錄值：' + str(tree.text))
```

執行結果：

```
Console 1/A

In [2]: runfile('D:/Python與LINEBot機器人(第二版)/附書光碟/ch10/tree1.py', wdir='D:/
Python與LINEBot機器人(第二版)/附書光碟/ch10')
根目錄標籤：rss
根目錄屬性：{'version': '2.0'}
根目錄值：None
```

對照 XML 資料：(此標籤沒有內容，所以上圖顯示「None」)

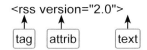

讀取指定標籤資料

xml.etree.ElementTree 讀取指定標籤的方法有三種：第一種是「find」方法，可讀取設定 Element 下第一個符合條件的標籤。find 方法的語法為：

```
變數 = 設定標籤 .find( 要讀取的標籤 )
```

以發票中獎號碼 XML 網頁為例，要讀取的標籤為「item」：

```
<rss version="2.0">←── tree
    <script/>
    <script/>
    <channel>←── tree[0]，在此標籤中讀取
        <title> 統一發票 </title>
        <link>http://www.etax.nat.gov.tw/etwmain/front/ETW183W1</link>
        <description>> 統一發票 </description>
        <language>zh-tw</language>
        <item>←── 要讀取的標籤
            <title>109 年 07 月、08</title>
            <link/>
```

變數名稱設為 item 的程式碼為：

```
item = tree[0].find('item')
```

傳回值為一維串列，元素為子標籤，元素資料型態為 Element：

```
<item>
    <title>108 年 03 月、04</title>    ←── item[0]
    <link/>  ←── item[1]
    <description>  ←── item[2]
        <p> 特別獎：03802602</p><p> 特獎：00708299</p><p> 頭獎：33877270、
            21772506、61786409</p><p> 增開六獎：136、022</p>
    </description>
    <pubDate>2019-05-25 13:30:02.437</pubDate>  ←── item[3]
</item>
```

第二種是「findall」方法，可讀取設定 Element 下所有符合條件的標籤。findall 方法的語法為：

```
變數 = 設定標籤 .findall( 要讀取的標籤 )
```

例如變數名稱設為 items 的程式碼為：

```
items = tree[0].findall('item')
```

傳回值為二維串列，第一維元素為 <item> 標籤，第二維元素為子標籤。

由於 find 及 findall 方法是讀取「設定標籤」下的內容，還要費心找出「設定標籤」才能讀取，第三種「iter」方法則可讀取根目錄下所有符合條件的標籤。iter 方法的語法為：

```
變數 = 根目錄 .iter( 標籤名稱 = 值 )
```

iter 方法的傳回值資料型態為物件，因此通常會先將其轉換為串列。轉換為串列的傳回值就與 findall 傳回值相同。例如變數名稱設為 items 的程式碼為：

```
items = list(tree.iter(tag='item'))
```

下面範例分別以三種方法取得最近一期發票開獎日期：

程式碼：tree2.py

```
......
 7  content = requests.get('http://invoice.etax.nat.gov.tw/invoice.xml')
 8  tree = ET.fromstring(content.text)
 9
10  item = tree[0].find('item')
11  print('find 方法：' + item[0].text)
12
13  items = tree[0].findall('item')
14  print('findall 方法：' + items[0][0].text)
15
16  items = list(tree.iter(tag='item'))
17   print('iter 方法：' + items[0][0].text)
```

執行結果：

```
Console 1/A
In [3]: runfile('D:/Python與LINEBot機器人(第二版)/附書光碟/ch10/tree2.py', wdir='D:/
Python與LINEBot機器人(第二版)/附書光碟/ch10')
find 方法：109年07月、08
findall 方法：109年07月、08
iter 方法：109年07月、08
```

10.2.2 處理連續性輸入資料

本小節範例：在 LINE 開發者頁面建立 ExLogin LINE Bot，加入圖文選單：版型使用「小型」的第五個版型 (一個項目)，圖形上傳本章範例 <media/exlogin.png>，項目類型選擇「文字」，傳送的文字分別設定為「@ 請輸入帳號」。接著建立 Flask 程式 <linebotLogin.py>，讓 LINE Bot 回應使用者點選圖文選單功能。

本範例功能為輸入帳號及密碼以登入系統，帳號及密碼為連續性資料：若使用者輸入的帳號存在，才讓使用者繼續輸入密碼。為簡化程式，本範例的帳號為「david」，密碼為「123456」，實際應用時，帳號及密碼應存於資料庫中。

建立本章資料庫及資料表

本章要使用兩個資料表：一個是此處記錄登入者的 LINE Id 及狀態，資料表名稱為 login；另一個是下一節發票程式記錄得獎者的 LINE Id、狀態及發票前三碼，資料表名稱為 users。為了方便，我們將其置於同一個資料庫中。

執行 **程式集 / PostgreSQL 13 / pgAdmin 4** 開啟資料庫管理程式，在 **Databases** 按滑鼠右鍵，於快顯功能表點選 **Create / Database**。**Database** 欄位輸入資料庫名稱「invoice」，**Owner** 欄位選擇管理者名稱 admin，按 **Save** 鈕完成建立名稱為 invoice 的資料庫。

建立資料表的程式碼為：

程式碼：createtable.py

```
......
 5 app = Flask(__name__)
 6 app.config['SQLALCHEMY_DATABASE_URI'] = 'postgresql://
     管理者名稱:管理者密碼@127.0.0.1:5432/invoice'
 7 db = SQLAlchemy(app)
 8
 9 @app.route('/')
10 def index():
11     sql = """
12     CREATE TABLE login (
13     id serial NOT NULL,
14     uid character varying(50) NOT NULL,
15     state character varying(10) NOT NULL,
16     PRIMARY KEY (id))
17     """
18     db.engine.execute(sql)
19     time.sleep(2)
20     sql = """
21     CREATE TABLE users (
22     id serial NOT NULL,
23     uid character varying(50) NOT NULL,
24     state character varying(10) NOT NULL,
25     digit3 character varying(10) NOT NULL,
26     PRIMARY KEY (id))
27     """
28     db.engine.execute(sql)
29     return "資料表建立成功！"
......
```

程式說明

- 5-7 　　連接 invoice 資料庫。
- 11-18 　建立本範例的 login 資料表，「uid」欄位存使用者 LINE Id，「state」欄位儲存目前使用者的狀態。
- 19 　　建立資料表需時間，因此暫停 2 秒。
- 20-28 　建立下一節發票對獎的 users 資料表。
- 25 　　「digit3」欄位儲存發票的前三碼。

執行程式後開啟瀏覽器，網址列輸入「http://127.0.0.1:5000/」，即可見到「資料表建立成功！」。在資料庫管理頁面 **invoice** / **Schemas** / **public** / **Tables** 中可見到新建立的兩個資料表。

輸入連續性資料

LINE Bot 應用程式的特性是可能多人同時使用，因此必須將使用者的 LINE Id 及狀態寫入資料庫，每次使用者傳送訊息時，再根據使用者的 LINE Id 由資料庫讀出使用者狀態，這樣使用者的狀態就不會被其他使用者覆蓋。

使用者狀態一般情況為「no」，表示使用者需輸入帳號，只有在使用者輸入正確帳號後，狀態才會改為「login」，表示使用者可輸入密碼；使用者輸入密碼後，無論密碼是否正確，狀態都會重設為「no」，讓使用者輸入帳號。

程式碼：linebotLogin.py

```
......
23 app.config['SQLALCHEMY_DATABASE_URI'] = 'postgresql://
      管理者名稱 : 管理者密碼 @127.0.0.1:5432/invoice'
24 db = SQLAlchemy(app)
25
26 @handler.add(MessageEvent, message=TextMessage)
27 def handle_message(event):
28     userid = event.source.user_id
29     sql_cmd = "select * from login where uid='" + userid + "'"
```

```
30      query_data = db.engine.execute(sql_cmd)
31      datalist = list(query_data)
32      if len(datalist) == 0:
33          sql_cmd = "insert into login (uid, state)
                        values('" + userid | "', 'no');"
34          db.engine.execute(sql_cmd)
35          mode = 'no'
36      else:
37          mode = datalist[0][2]
38
39      mtext = event.message.text
40      if mtext == '@請輸入帳號' and mode == 'no':
41          line_bot_api.reply_message(event.reply_token,
                            TextSendMessage(text='請輸入你的帳號：'))
42      elif mtext == '@請輸入帳號' and mode == 'login':
43          line_bot_api.reply_message(event.reply_token,
                TextSendMessage(text='你已輸入帳號，請輸入密碼：'))
44      elif mode == 'no':
45          if mtext == 'david':
46              sql_cmd = "update login set state='login'
                            where uid='" + userid +"'"
47              db.engine.execute(sql_cmd)
48              line_bot_api.reply_message(event.reply_token,
                    TextSendMessage(text='請輸入你的密碼：'))
49          else:
50              line_bot_api.reply_message(event.reply_token,
                    TextSendMessage(text='無此帳號！'))
51      elif mode == 'login':
52          if mtext == '123456':
53              line_bot_api.reply_message(event.reply_token,
                    TextSendMessage(text='歡迎登入本系統！'))
54          else:
55              line_bot_api.reply_message(event.reply_token,
                    TextSendMessage(text='密碼錯誤！'))
56          sql_cmd = "update login set state='no'
                        where uid='" + userid +"'"
57          db.engine.execute(sql_cmd)
......
```

程式說明

▥	23-24	連接 invoice 資料庫。
▥	28	以「event.source.user_id」取得使用者 LINE Id。
▥	29-31	在 login 資料表中查詢使用者 LINE Id 並將傳回值轉為串列。
▥	32	檢查此 LINE Id 在資料庫是否存在，若不存在才執行 42-44 列程式。
▥	33-34	將 LINE Id 及狀態為「no」寫入 login 資料表。
▥	35	mode 變數記錄目前狀態：設目前狀態為「no」。
▥	36-37	若 LINE Id 在資料庫存在就讀出 LINE Id 及狀態。
▥	39	讀取使用者輸入的資料。
▥	40-41	若使用者點選圖文選單 **登入系統** 且狀態為「no」，就提示使用者輸入帳號。
▥	42-43	若使用者點選圖文選單 **登入系統** 且狀態為「login」，就提示使用者輸入密碼。
▥	44-50	一般狀態 （狀態為「no」）的處理程式。
▥	45-48	帳號存在的處理程式。
▥	46-47	將資料庫狀態欄位值設為「login」。
▥	48	提示輸入密碼。
▥	51-57	狀態為「login」的處理程式。
▥	52-53	密碼正確就顯示歡迎訊息。
▥	54-55	密碼錯誤就顯示密碼錯誤訊息。
▥	56-57	無論密碼是否正確都將資料庫狀態欄位值設為「no」。

啟動本機及 ngrok 伺服器，在 LINE 開發者 ExLogin LINE Bot 頁面，掃描 QRCode 加入朋友，點選圖文選單 **登入系統**，此時 LINE Id 及狀態「no」就會寫入資料庫。

在資料庫管理頁面 **login** 資料表按滑鼠右鍵，於快顯功能表點選 **View/Edit Data / All Rows** 查看：即可見到已新增一筆 LINE Id 及狀態「no」資料。

在 LINE 中輸入「david」做為帳號傳送，LINE Bot 就會將資料庫的狀態欄位改為「login」。在瀏覽器按重整 C 鈕，觀察狀態欄位值。

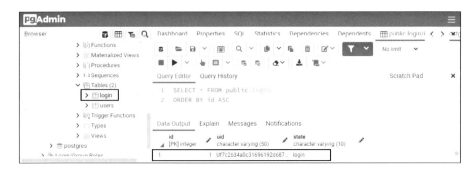

在 LINE 中輸入「123456」做為密碼傳送，LINE Bot 會將資料庫的狀態欄位改為「no」，請自行觀察。

10.3 實戰：發票對獎小幫手

兩個月一次的發票對獎，是許多人的定期娛樂之一：享受這不花成本的對獎樂趣，又可幫政府增加稅收 (做公益)，若是偶而中個小獎，可以高興好幾天。利用 LINE Bot 進行發票對獎是個不錯的點子，除了不用特地安裝 APP，加入好友後即可進行發票的對獎動作。在這個專題中，除了可以查看本期及前期的中獎號碼，還能利用發票末三碼進行快速對獎，功能相當齊全。

▌ 10.3.1 資料表結構

本節範例：在 LINE 開發者頁面建立「發票對獎小幫手」LINE Bot，加入圖文選單：版型使用「大型」的第三個版型 (四個項目)，圖形上傳本書範例 <media/ehappyInvoice.png>，所有項目類型皆選擇「文字」，傳送的文字分別設定為 @ 使用說明、@ 輸入發票最後三碼、@ 顯示前期中獎號碼、@ 顯示本期中獎號碼。接著建立 Flask 程式 <linebotInvoice.py>，讓 LINE Bot 回應使用者點選圖文選單的各項功能。

本專題使用 users 資料表儲存使用者 LINE Id、狀態及發票前三碼，此資料表在前一節操作中已建立，未執行前一節操作者請先參考前一節建立資料及資料表。

▌ 10.3.2 「使用說明」功能

「使用說明」利用回覆文字訊息顯示本專題的使用方法。關於「使用說明」的程式碼為：

程式碼：linebotInvoice.py

```
......
28 app.config['SQLALCHEMY_DATABASE_URI'] = 'postgresql://
      管理者名稱 : 管理者密碼 @127.0.0.1:5432/invoice'
29 db = SQLAlchemy(app)
30
31 @handler.add(MessageEvent, message=TextMessage)
32 def handle_message(event):
33     userid = event.source.user_id
34     sql_cmd = "select * from users where uid='" + userid + "'"
```

```
35        query_data = db.engine.execute(sql_cmd)
36        if len(list(query_data)) == 0:
37            sql_cmd = "insert into users (uid, state, digit3)
                    values('" + userid + "', 'no', 'no');"
38            db.engine.execute(sql_cmd)
39        else:
40            query_data = db.engine.execute(sql_cmd)
41            listdata = list(query_data)[0]
42            mode = listdata[2]
43            digit3 = listdata[3]
44        mtext = event.message.text
45        if mtext == '@ 使用說明 ':
46            sendUse(event)
......
63 def sendUse(event):    # 使用說明
64      try:
65          text1 ='''
66  1.「對獎」功能會提示使用者輸入發票最後三碼，若最後三碼有中獎，
        就提示使用者輸入發票前五碼。
67  2. 為方便使用者輸入，也可以直接輸入發票最後三碼直接對獎
        ( 不需按「對獎」項目 )。
68  3.「前期中獎號碼」功能會顯示前兩期發票中獎號碼。
69  4.「本期中獎號碼」功能會顯示最近一期發票中獎號碼。
70                    '''
71          message = TextSendMessage(
72              text = text1
73          )
74          line_bot_api.reply_message(event.reply_token,message)
75      except:
76          line_bot_api.reply_message(event.reply_token,
                TextSendMessage(text=' 發生錯誤！ '))
......
```

程式說明

- 28-29　　連接 invoice 資料庫。

- 33　　　取得使用者 LINE Id。

- 34-35　　檢查使用者 LINE Id 是否存在。

- 36-38　　若 users 資料表中無此使用者 LINE Id，就將使用者 LINE Id、狀態值「no」、發票前三碼值「no」寫入 users 資料表。

- 39-43　　若使用者 LINE Id 存在，就讀取狀態值及發票前三碼值。

- 44-46 　使用者按圖文選單「使用說明書」就執行 sendUse 函式。
- 65-70 　使用「'''」方式定義文字字串。
- 71-74 　顯示文字訊息。

開啟本機及 ngrok 伺服器，點選 **使用說明書** 的執行結果：

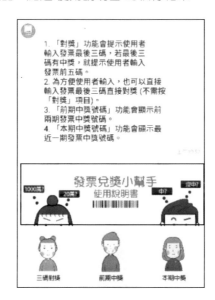

▌ 10.3.3 「本期中獎」功能

「本期中獎號碼」功能會擷取財政部統一發票中獎號碼網頁資料，取得本期中獎號碼，使用者若要手動對獎的話，可參考本功能對獎。

程式碼：linebotInvoice.py（續）

```
......
48     elif mtext == '@顯示本期中獎號碼':
49         showCurrent(event)
......
78 def showCurrent(event):
79     try:
80         content = requests.get('http://
               invoice.etax.nat.gov.tw/invoice.xml')
81         tree = ET.fromstring(content.text)   # 解析 XML
82         items = list(tree.iter(tag='item'))   # 取得 item 標籤內容
83         title = items[0][0].text   # 期別
```

```
84        ptext = items[0][2].text   # 中獎號碼
85        ptext = ptext.replace('<p>','').replace('</p>','\n')
86        message = title + ' 月 \n' + ptext[:-1]  #ptext[:-1] 為移除最後一個 \n
87        line_bot_api.reply_message(event.reply_token,
              TextSendMessage(text=message))
88    except:
89        line_bot_api.reply_message(event.reply_token,
              TextSendMessage(text=' 讀取發票號碼發生錯誤！'))
......
```

程式說明

- ■ 48-49 使用者按圖文選單「本期中獎」就執行 showCurrent 函式。

- ■ 80 讀取財政部發票中獎號碼網頁資料。

- ■ 81-82 解析 XML 並取得所有「item」標籤內容。傳回值為串列，第一個元素即為本期發票中獎號碼。

- ■ 83 取得日期，如「108 年 03 月、04」。

- ■ 84 取得中獎號碼。

- ■ 85 將中獎號碼字串中的 <p> 及 </p> 替換為「\n」換行符號。
  例如原來資料為：

<p> 特別獎：03802602</p><p> 特獎：00708299</p><p> 頭獎：33877270、21772506、61786409</p><p> 增開六獎：136、022</p>

替換後為；

特別獎：03802602
特獎：00708299
頭獎：33877270、21772506、61786409
增開六獎：136、022

- ■ 86 因為日期是「108 年 03 月、04」，所以在最後加上「月」；中獎號碼最後有換行符號「\n」，導致顯示時會在最後多一列空白列，「ptext[:-1]」是將最後換行符號移除。

- ■ 87 顯示日期及中獎號碼。

點選 **本期中獎號碼** 的執行結果：

10.3.4 「前期中獎」功能

「前期中獎號碼」功能會擷取財政部統一發票中獎號碼網頁資料，取得前兩期中獎號碼，使用者若有本期之前的發票，可使用本功能對獎。由於發票有三個月的領獎期限，只有前兩期發票中獎可以領獎，前三期之前的發票即使中獎也已過了領獎期限，因此只顯示前兩期中獎號碼。

程式碼：**linebotInvoice.py** （續）

```
......
51    elif mtext == '@顯示前期中獎號碼 ':
52        showOld(event)
......
91 def showOld(event):
92     try:
93         content = requests.get('http://
              invoice.etax.nat.gov.tw/invoice.xml')
94         tree = ET.fromstring(content.text)   #解析 XML
95         items = list(tree.iter(tag='item'))  #取得 item 標籤內容
96         message = ''
97         for i in range(1,3):
98             title = items[i][0].text  #期別
99             ptext = items[i][2].text  # 中獎號碼
```

```
100            ptext = ptext.replace('<p>','').replace('</p>','\n')
101            message = message + title + ' 月 \n' + ptext + '\n'
102        message = message[:-2]
103        line_bot_api.reply_message(event.reply_token,
               TextSendMessage(text=message))
104    except:
105        line_bot_api.reply_message(event.reply_token,
               TextSendMessage(text=' 讀取發票號碼發生錯誤！'))
......
```

程式說明

- 51-52　使用者按圖文選單「本期中獎」就執行 showOld 函式。
- 94-101　解析 XML 並取得所有「item」標籤內容，傳回串列的第二、三個元素就是前兩期發票中獎號碼。
- 102　因為兩期中獎號碼組合成字串，最後有兩個換行符號「\n」，此列程式為移除兩個換行符號。

點選 **前期中獎號碼** 的執行結果：

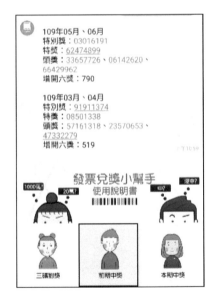

▍10.3.5 「三碼對獎」功能：輸入發票最後三碼

使用者點選圖文選單 **三碼對獎** 圖示，會提示使用者輸入發票最後三碼，或直接輸入發票最後三碼也會自動啟動對獎功能。

使用者輸入發票最後三碼後可能有四種結果：第一種是沒有中獎，第二種是符合增開六獎 (確定中「六獎」)，這兩種情況可直接顯示結果，不需要後續步驟。

第三種是符合特別獎或特獎最後三碼，此時會設定狀態為「special」；第四種是符合頭獎最後三碼，此時會設定狀態為「head」。這兩種情況都會修改資料庫「狀態 (state)」欄位值及「發票前三碼 (digit3)」欄位值，同時讓使用者繼續輸入發票前五碼進行核對。

程式碼：linebotInvoice.py

```
......
54     elif mtext == '@輸入發票最後三碼':
55         line_bot_api.reply_message(event.reply_token,
               TextSendMessage(text='請輸入發票最後三碼進行對獎！'))
56
57     elif len(mtext) == 3 and mtext.isdigit():
58         show3digit(event, mtext, userid)
......
107 def show3digit(event, mtext, userid):
108     try:
109         content = requests.get('http://
               invoice.etax.nat.gov.tw/invoice.xml')
110         tree = ET.fromstring(content.text)
111         items = list(tree.iter(tag='item'))   #取得 item 標籤內容
112         ptext = items[0][2].text  #中獎號碼
113         ptext = ptext.replace('<p>','').replace('</p>','')
114         temlist = ptext.split(':')
115         prizelist = []   #特別獎或特獎後三碼
116         prizelist.append(temlist[1][5:8])
117         prizelist.append(temlist[2][5:8])
118         prize6list1 = []   #頭獎後三碼六獎中獎號碼
119         for i in range(3):
120             prize6list1.append(temlist[3][9*i+5:9*i+8])
121         prize6list2 = temlist[4].split('、')   #增開六獎
122         sql_cmd = "update users set state='no', digit3='no'
               where uid='" + userid +"'"
123         db.engine.execute(sql_cmd)
```

```
124        if mtext in prizelist:
125            message = '符合特別獎或特獎後三碼，請繼續輸入發票前五碼！'
126            sql_cmd = "update users set state='special',
                   digit3='" + mtext + "' where uid='" + userid +"'"
127            db.engine.execute(sql_cmd)
128        elif mtext in prize6list1:
129            message = '恭喜！至少中六獎，請繼續輸入發票前五碼！'
130            sql_cmd = "update users set state='head',
                   digit3='" + mtext + "' where uid='" + userid +"'"
131            db.engine.execute(sql_cmd)
132        elif mtext in prize6list2:
133            message = '恭喜！此張發票中了六獎！'
134        else:
135            message = '很可惜，未中獎。請輸入下一張發票最後三碼。'
136        line_bot_api.reply_message(event.reply_token,
                   TextSendMessage(text=message))
137   except:
138        line_bot_api.reply_message(event.reply_token,
                   TextSendMessage(text='讀取發票號碼發生錯誤！'))
......
```

程式說明

- **54-55** 使用者點選圖文選單 **三碼對獎** 功能就顯示「請輸入發票最後三碼進行對獎！」訊息。

- **57-58** 使用者直接輸入發票前三碼就執行 show3digit 函式。「mtext.isdigit()」為檢查輸入是否為數字。

- **109-113** 取得當期發票中獎號碼。此時 ptext 變數範例：

特別獎:03802602 特獎:00708299 頭獎:33877270、21772506、61786409 增開六獎:136、022

- **114** 以「:」字元分解字串。結果範例：

```
temlist[0] = '特別獎'
temlist[1] = '03802602 特獎'
temlist[2] = '00708299 頭獎'
temlist[3] = '33877270、21772506、61786409 增開六獎'
temlist[4] = '136、022'
```

- **115** prizelist 串列存特別獎或特獎最後三碼。

- **116** prizelist[0] 存特別獎最後三碼:「03802602 特獎」的第 6 到 8 字元，即「602」。

- **117** prizelist[1] 存特獎最後三碼。

■ 118　　　　`prize6list1` 串列存頭獎最後三碼。頭獎固定為三個。

■ 119-120 取得三個頭獎最後三碼：「33877270、21772506、61786409 增開六獎」字串的第 6 到 8、15 到 17、24 到 26 字元。

■ 121　　　　`prize6list2` 串列存增開六獎號碼。增開六獎數量不固定。

■ 122-123 每次輸入最後三碼時都先將狀態還原為「no」。

■ 124-127 若符合特別獎或特獎最後三碼，將狀態改為「special」，並提示使用者繼續輸入發票前五碼。

■ 128-131 若符合頭獎最後三碼，將狀態改為「head」，並提示使用者繼續輸入發票前五碼。

■ 132-133 若符合增開六獎最後三碼，顯示中六獎訊息。

■ 134-135 若所有最後三碼都不符合，顯示未中獎訊息。

輸入發票最後三碼的執行結果：

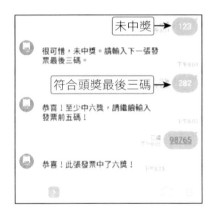

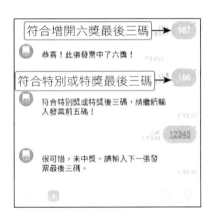

10.3.6 輸入發票前五碼

需要輸入發票前五碼有兩種情況：第一種是最後三碼符合特別獎或特獎的最後三碼，此時的設定狀態為「special」，此種情形必須輸入資料與特別獎或特獎的前五碼完全相同才有中獎，否則就未中獎。

第二種是最後三碼符合頭獎的最後三碼，此時的設定狀態為「head」，此種情形有多種可能：第五碼與頭獎的第五碼相同得五獎，第四、五碼相同得四獎，第三至五碼相同得三獎，第二至五碼相同得二獎，五碼皆相同得頭獎，若五碼都不相同則得六獎。

```
......
140  def show5digit(event, mtext, userid, mode, digit3):
141      try:
142          sql_cmd = "select * from users where uid='" + userid + "'"
143          if mode == 'no':
144              line_bot_api.reply_message(event.reply_token,
                     TextSendMessage(text=' 請先輸入發票最後三碼！'))
145          else:
146              try:
147                  content = requests.get('http://
                         invoice.etax.nat.gov.tw/invoice.xml')
148                  tree = ET.fromstring(content.text)   # 解析 DOM
149                  items = list(tree.iter(tag='item')) #取得 item 標籤內容
150                  ptext = items[0][2].text   # 中獎號碼
151                  ptext = ptext.replace('<p>','').replace('</p>','')
152                  temlist = ptext.split(':')
153                  special1 = temlist[1][0:5]   #特別獎前五碼
154                  special2 = temlist[2][0:5]   #特獎前五碼
155                  prizehead = []   # 頭獎
156                  for i in range(3):
157                      prizehead.append(temlist[3][9*i:9*i+8])
158                  sflag = False   # 記錄是否中特別獎或特獎
159                  if mode=='special' and mtext==special1:
160                      message = ' 恭喜！此張發票中了特別獎！'
161                      sflag = True
162                  elif mode=='special' and mtext==special2:
163                      message = ' 恭喜！此張發票中了特獎！'
164                      sflag = True
165                  if mode=='special' and sflag==False:
166                      message = ' 很可惜，未中獎。請輸入下一張發票最後三碼。'
167                  elif mode=='head' and sflag==False:
168                      for i in range(3):
169                          if digit3 == prizehead[i][5:8]:
170                              pnumber = prizehead[i] # 中獎的頭獎號碼
171                              break
172                      if mtext == pnumber[:5]:
173                          message = ' 恭喜！此張發票中了頭獎！'
174                      elif mtext[1:5] == pnumber[1:5]:
175                          message = ' 恭喜！此張發票中了二獎！'
176                      elif mtext[2:5] == pnumber[2:5]:
177                          message = ' 恭喜！此張發票中了三獎！'
```

```
178                    elif mtext[3:5] == pnumber[3:5]:
179                        message = '恭喜！此張發票中了四獎！'
180                    elif mtext[4] == pnumber[4]:
181                        message = '恭喜！此張發票中了五獎！'
182                    else:
183                        message = '恭喜！此張發票中了六獎！'
184                    line_bot_api.reply_message(event.reply_token,
                           TextSendMessage(text=message))
185                    sql_cmd = "update users set state='no',
                           digit3='no' where uid='" + userid +"'"
186                    db.engine.execute(sql_cmd)
187            except:
188                line_bot_api.reply_message(event.reply_token,
                       TextSendMessage(text='讀取發票號碼發生錯誤！'))
189    except:
190        sql_cmd = "update users set set state='no',
               digit3='no' where uid='" + userid +"'"
191        db.engine.execute(sql_cmd)
192        line_bot_api.reply_message(event.reply_token,
               TextSendMessage(text='模式文字檔讀取錯誤！'))
......
```

程式說明

- 140　　　使用者輸入發票後五碼就執行 show5digit 函式。

- 143-144 若狀態欄位值為「no」表示尚未輸入發票最後三碼，提示使用者先輸入發票最後三碼。

- 147-152 即時取得發票特別獎、特獎及頭獎中獎號碼。

- 153　　　取得特別獎前五碼。

- 154　　　取得特獎前五碼。

- 155-157 取得三個頭獎號碼。

- 158　　　sflag 記錄是否得到特別獎或特獎。

- 159-161 中特別獎。

- 162-164 中特獎。

- 165-166 若狀態欄位值為「special」且未中特別獎或特獎，就表示沒有中獎。

- 167　　　若狀態欄位值為「head」且未中特別獎或特獎，才執行 168-183 列程式：檢查是否中頭獎至五獎。

- 168-171 取得中獎的頭獎號碼。

- 172-173 五碼皆相同，得頭獎。
- 174-175 第二至五碼相同，得二獎。
- 176-177 第三至五碼相同，得三獎。
- 178-179 第四至五碼相同，得四獎。
- 180-181 第五碼相同，得五獎。
- 182-183 五碼皆不相同，得六獎。
- 185-186 輸入發票前五碼後，無論是否中獎，都將狀態欄及發票前三碼欄設為「no」。
- 190-191 若產生錯誤也將狀態欄及發票前三碼欄設為「no」。

輸入發票前五碼的執行結果：

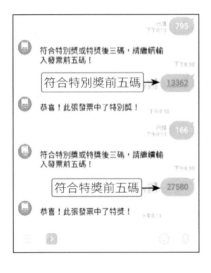
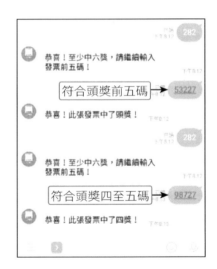

11

專題：多國語音翻譯機器人

⊙ **專題方向**

⊙ **關鍵技術**

Google 語音 API

translate 翻譯模組

⊙ **實戰：多國語音翻譯機器人**

資料表結構

「使用說明」功能

「譯為英文」及「譯為日文」功能

「其他語文」功能

「顯示設定」功能

「切換發音」功能

「翻譯與發音」功能

11.1 專題方向

到國外旅行時,由於語言不通,如何與當地人溝通是一大問題,本專題利用行動裝置可播放聲音的特性,當使用者輸入文句,就先將其翻譯為指定語言的文句,再利用 Google 語音 API 雲端服務轉換為語音播放,輕鬆解決不同語言溝通的問題。

專題檢視

- 「使用說明」功能讓使用者了解本專題應用程式的使用方法。

- 「譯為英文」、「譯為日文」功能分別設定翻譯後語言為英文、日文。預設的翻譯語言為「英文」。

- 「其他語文」功能可以選擇韓文、泰文、越南文或法文。

- 「顯示設定」功能會顯示目前翻譯後語言及是否要朗讀翻譯後文字。

- 「切換發音」功能會改變目前發音狀態:若目前會朗讀文字則改為不朗讀文字,若目前不會朗讀文字則改為朗讀文字。

- 使用者直接輸入文字傳送,系統會執行翻譯,然後再視「發音狀態」的設定值決定是否轉換為語音。

11.2 關鍵技術

本專題使用 translate 模組將中文文句翻譯為其他語言，再呼叫 google 語音 API 將文句轉換為語音朗讀。

▌ 11.2.1 Google 語音 API

Google 提供許多雲端服務，文字轉語音 (TTS) 是相當受歡迎的服務之一。Google 雲端文字轉語音服務的網址為「https://google-translate-proxy.herokuapp.com/api/tts」，其參數有三個：

▨ **query**：要轉語音的文字字串。

▨ **language**：轉出語音的語言代碼。下表為常用的語言代碼：

語言	代碼	語言	代碼	語言	代碼
繁體中文	zh-Hant	簡體中文	zh-Hans	希臘文	el
英文	en	日文	ja	韓文	ko
法文	fr	泰文	th	荷蘭文	nl
德文	de	越南文	vi	西班牙文	es

▨ **speed**：轉出語音的發音速度，其值在 0.2 到 1 之間。

文字轉語音服務的傳回值是一個網址，例如將「今天天氣很好」輸出的語音存於 returl 變數的語法為：

```
returl = 'https://google-translate-proxy.herokuapp.com/api/tts?
    query=今天天氣很好&language=zh-Hant'
```

在 LINE Bot 中可用 AudioSendMessage 回覆訊息方式播放轉換後的語音。

例如在 LINE Bot 中設定以「####」開頭的輸入是將文字轉換為語音功能，程式碼為：

```
......
 1 from urllib.parse import quote
......
 2 @handler.add(MessageEvent, message=TextMessage)
```

```
3 def handle_message(event):
4    mtext = event.message.text
5    if len(mtext) > 4 and mtext[:4] == '####':
6        text = quote(mtext[:4])
7        stream_url = 'https://google-translate-proxy.herokuapp.
             com/api/tts?query=' + text + '&language=zh-Hant'
8        message = [
9            AudioSendMessage(
10               original_content_url = stream_url,
11               duration=20000
12           ),
13       ]
14       line_bot_api.reply_message(event.reply_token,message)
......
```

程式說明

■	1	匯入把文字改成網頁編碼格式的模組。
■	5	以「####」開頭表示要將文字轉換為語音。
■	6	把要轉換為語音的文字改成網頁編碼格式。
■	7	使用 Google 語音服務將使用者輸入的文字轉換為語音。
■	8-13	回覆語音檔。

▍11.2.2 translate 翻譯模組

translate 模組的功能是將文字翻譯為另一種語言的文字。

首先在命令提示字元視窗以下列指令安裝 translate 模組：

```
pip install translate==3.5.0
```

程式中需先匯入 translate 模組，語法為：

```
from translate import Translator
```

接著建立 Translator 物件，語法為：

```
翻譯變數 = Translator(from_lang= 語言代碼 , to_lang= 語言代碼 )
```

■ **from_lang**：原始文句的語言代碼。

■ **to_lang**：翻譯後文句的語言代碼。

語言代碼請參閱前一小節。

例如翻譯變數為 translator，文句由繁體中文翻譯為英文：

```
translator = Translator(from_lang='zh-Hant', to_lang='en')
```

最後以翻譯物件的 translate 方法進行翻譯就完成了，語法為：

```
結果變數 = 翻譯變數.translate( 要翻譯的文句 )
```

例如將「這是我的筆」翻譯為英文，翻譯結果存於 result 變數中：

```
result = translator.translate(' 這是我的筆 ')
```

程式碼：translate1.py

```
1 from translate import Translator
2
3 translator = Translator(from_lang='zh-Hant', to_lang='en')
4 while True:
5     text = input(' 輸入要翻譯的中文文句 ( 直接按 ENTER 鍵結束 ):')
6     if text == '':
7         break
8     translation = translator.translate(text)
9     print(' 翻譯結果：' + translation)
```

執行結果：

```
IPython console                                                    ⊟ ×
☐   Console 2/A ☒                                              ■ ◢ ✿
輸入要翻譯的中文文句 ( 直接按 ENTER 鍵結束 ):這是我的筆
翻譯結果：This is my pen
```

11.3 實戰：多國語音翻譯機器人

出國旅遊時，不論食衣住行都會碰到語言溝通的問題。現在科技如此發達，只要手機有「多國語音翻譯機器人」，無論身處哪一個國家，只要輸入本國文字就能以該國語言讀出，溝通無障礙，開心出國玩吧！

本專題為簡化程式，輸入的語言限定為繁體中文。

11.3.1 資料表結構

在 LINE 開發者頁面建立「多國語音翻譯機器人」LINE Bot，加入圖文選單：版型使用「大型」的第一個版型 (六個項目)，圖形上傳本章範例 <media/translate.png>，所有項目類型皆選擇「文字」，傳送的文字分別設定為 @ 使用說明、@ 英文、@ 日文、@ 其他語文、@ 顯示設定、@ 切換發音。接著建立 Flask 程式 <linebotTranslate.py>，讓 LINE Bot 回應使用者點選圖文選單的各項功能。

如果尚未進行前一節操作，則需先安裝本節所需模組：

```
pip install translate==3.5.0
```

本章使用的資料表名稱為 setting，包含三個欄位：uid 欄位記錄使用者的 LINE Id，lang 欄位記錄輸出的語言，sound 欄位記錄是否要讀出語音。

執行 **程式集 / PostgreSQL 13 / pgAdmin 4** 開啟資料庫管理程式，在 **Databases** 按滑鼠右鍵，於快顯功能表點選 **Create / Database**。**Database** 欄位輸入資料庫名稱「translate」，**Owner** 欄位選擇管理者名稱 admin，按 **Save** 鈕完成建立名稱為 translate 的資料庫。

建立資料表的程式碼為：

程式碼：createtable.py

```
......
5 app.config['SQLALCHEMY_DATABASE_URI'] = 'postgresql://
      管理者名稱:管理者密碼@127.0.0.1:5432/translate'
6 db = SQLAlchemy(app)
7
8 @app.route('/')
```

```
 9 def index():
10     sql = """
11     CREATE TABLE setting (
12     id serial NOT NULL,
13     uid character varying(50) NOT NULL,
14     lang character varying(10) NOT NULL,
15     sound character varying(10) NOT NULL,
16     PRIMARY KEY (id))
17     """
18     db.engine.execute(sql)
19     return " 資料表建立成功！"
......
```

程式說明

- 5-6　　連接資料庫。

- 10-18　建立 setting 資料表。

- 13　　　「uid」欄位存使用者 LINE Id。

- 14　　　「lang」欄位儲存輸出的語言。

- 15　　　「sound」欄位儲存是否要讀出語音。

執行程式後開啟瀏覽器，網址列輸入「http://127.0.0.1:5000/」，即可見到「資料表建立成功！」。在資料庫管理頁面 **invoice** / **Schemas** / **public** / **Tables** 中可見到新建立的 translate 資料表。

LINE Bot 應用程式的特性是可能多人同時使用，因此必須將使用者的 LINE Id 及設定狀態（翻譯語言及是否發音）寫入資料庫，每次使用者傳送訊息時，再根據使用者的 LINE Id 資料庫讀出使用者設定狀態，這樣使用者的設定狀態才不會被其他使用者覆蓋。

▌11.3.2 「使用說明」功能

「使用說明」利用回覆文字訊息顯示本專題旳使用方法。關於「使用說明」的程式
碼為：

程式碼：linebotTranslate.py

```
......
 9 from translate import Translator
10 from urllib.parse import quote
11 from urllib.parse import parse_qsl
......
26 app.config['SQLALCHEMY_DATABASE_URI'] = 'postgresql://admin:123456
                                @127.0.0.1:5432/translate'
27 db = SQLAlchemy(app)
28
29 @handler.add(MessageEvent, message=TextMessage)
30 def handle_message(event):
31     userid, lang, sound = readData(event)   #讀取原有設定
32     mtext = event.message.text
33     if mtext == '@使用說明':
34         showUse(event)
......
60 def readData(event):   #讀取使用者id,語言及發音設定
61     userid = event.source.user_id
62     sql_cmd = "select * from setting where uid='" + userid + "'"
63     query_data = db.engine.execute(sql_cmd)
64     datalist = list(query_data)
65     if len(datalist) == 0:
66         sql_cmd = "insert into setting (uid, lang, sound)
               values('" + userid + "', 'en', 'no');"
67         db.engine.execute(sql_cmd)
68         lang = 'en'
69         sound = 'no'
70     else:
71         lang = datalist[0][2]
72         sound = datalist[0][3]
73     return userid, lang, sound
74
```

```
75 def showUse(event):
76     try:
77         text1 = '''
78 1. 本應用可將中文翻譯為多國語言，並且可使用該語言朗讀。
79 2. 預設的翻譯語言為「英文」，發音預設為「不發音」。
80 3. 按「譯為英文」、「譯為日文」、「其他語文」鈕可設定翻譯後的語言。
81 4. 按「顯示設定」會顯示目前翻譯後語言及是否要朗讀翻譯後文字。
82 5. 按「切換發音」可設定是否朗讀翻譯後文字。
83 6. 輸入中文文句即可進行翻譯及朗讀。
84                 '''
85         message = TextSendMessage(
86             text = text1
87         )
88         line_bot_api.reply_message(event.reply_token,message)
89     except:
90         line_bot_api.reply_message(event.reply_token,
                TextSendMessage(text=' 發生錯誤！'))
......
```

程式說明

- 9-11　匯入模組。

- 26-27　連接 translate 資料庫。

- 31　程式開始就執行 readData 函式：若 LINE Id 不存在就寫入資料庫，若 LINE Id 存在就由資料庫讀取該使用者的設定。

- 32-34　使用者按圖文選單「使用說明」就執行 sendUse 函式。

- 60-73　讀取使用者設定狀態的函式。

- 61　取得使用者 LINE Id。

- 62-64　檢查使用者 LINE Id 是否存在。

- 65-67　若資料表中無此使用者 LINE Id，就將使用者 LINE Id、輸出語言值「en」、是否讀出語音值「no」寫入資料表。

- 68-69　設定輸出語言值為「en」、是否讀出語音值為「no」。

- 70-72　若使用者 LINE Id 存在，就讀取輸出語言值及是否讀出語音值。

- 75-90　顯示使用說明的函式。

- 77-84　使用「'''」方式定義文字字串。

- 85-88　顯示文字訊息。

開啟本機及 ngrok 伺服器，點選 **使用說明** 的執行結果：

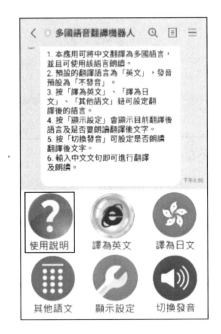

11.3.3 「譯為英文」及「譯為日文」功能

這兩個功能共用 setLang 函式，函式的第二個參數：點選 **譯為英文** 傳送「en」，點選 **譯為日文** 傳送「ja」。程式碼為：

程式碼：linebotTranslate.py（續）

```
......
36    elif mtext == '@英文':
37        setLang(event, 'en', sound, userid)
38
39    elif mtext == '@日文':
40        setLang(event, 'ja', sound, userid)
......
92 def setLang(event, lang, sound, userid):  #設定翻譯語言
93    try:
94        sql_cmd = "update setting set lang='" + lang + "',
                sound='" + sound + "' where uid='" + userid +"'"
95        db.engine.execute(sql_cmd)
96        message = TextSendMessage(
```

```
97                     text = '語言設定為：' + langtoword(lang)
98            )
99         line_bot_api.reply_message(event.reply_token,message)
100     except:
101         line_bot_api.reply_message(event.reply_token,
                   TextSendMessage(text='發生錯誤！'))
......
186 def langtoword(lang):   #將語言代碼轉為中文字
187     if lang == 'en':   word = '英文'
188     elif lang == 'ja':   word = '日文'
189     elif lang == 'ko':   word = '韓文'
190     elif lang == 'th':   word = '泰文'
191     elif lang == 'vi':   word = '越南文'
192     elif lang == 'fr':   word = '法文'
193     return word
......
```

程式說明

■ 92   第二個參數 `lang` 為翻譯語言的語言代碼。

■ 94-95   將使用者設定狀態寫入資料庫。

■ 96-99   顯示目前語言設定。

■ 97   將語言代碼轉換為中文文字。

■ 186-193 將語言代碼轉換為中文文字的函式。

點選 **譯為英文** 及 **譯為日文** 的執行結果：

11.3.4 「其他語文」功能

「其他語文」使用快速選單建立四個語言項目讓使用者選取。快速選單的項目以
PostbackAction 建立按鈕。

程式碼：linebotTranslate.py（續）

```
......
42    elif mtext == '@其他語文':
43        setElselang(event)
......
54 @handler.add(PostbackEvent)   #PostbackTemplateAction觸發此事件
55 def handle_postback(event):
56    userid, lang, sound = readData(event)
57    backdata = dict(parse_qsl(event.postback.data)) #取得data資料
58    sendData(event, backdata, sound, userid)
......
103 def setElselang(event):   #設定其他語言
104    try:
105        message = TextSendMessage(
106            text = '請選擇語言：',
107            quick_reply = QuickReply(   #使用快速選單
108                items = [
109                    QuickReplyButton(
110                        action = PostbackAction(
                                label='韓文', data='item=ko')
111                    ),
112                    QuickReplyButton(
113                        action = PostbackAction(
                                label='泰文', data='item=th')
114                    ),
115                    QuickReplyButton(
116                        action = PostbackAction(
                                label='越南文', data='item=vi')
117                    ),
118                    QuickReplyButton(
119                        action = PostbackAction(
                                label='法文', data='item=fr')
120                    ),
121                ]
122            )
123        )
```

```
124        line_bot_api.reply_message(event.reply_token,message)
125    except:
126        line_bot_api.reply_message(event.reply_token,
               TextSendMessage(text=' 發生錯誤！'))
......
182 def sendData(event, backdata, sound, userid):  # 設定其他語言
183    lang = backdata.get('item')  #取得快速選單的選取值
184    setLang(event, lang, sound, userid)  #設定翻譯語言
......
```

程式說明

- 54-58　使用者點選 **其他語文** 後，在快速選單中點選 PostbackAction 按鈕觸發的事件。

- 56-57　取得資料表中的設定資料。

- 58　sendData 函式設定使用者選取的語言。

- 105-124 建立四個項目的快速選單。

- 182-184 使用者點選快速選單項目的處理函式。

- 183　取得使用者點選快速選單項目的選取值。

- 184　以 setLang 函式將使用者設定狀態寫入資料庫。

點選 **其他語文** 的執行結果：在快速選單點選 **泰文**。

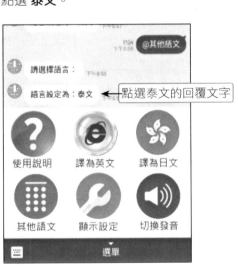

▌11.3.5 「顯示設定」功能

「顯示設定」功能會顯示目前翻譯後語言及是否要朗讀翻譯後文字。

程式碼：linebotTranslate.py（續）

```
......
45      elif mtext == '@顯示設定':
46          showConfig(event, lang, sound)
......
128 def showConfig(event, lang, sound):  #顯示設定
129     try:
130         if sound == 'yes': sound1 = '發音'
131         else:  sound1 = '不發音'
132         text1 = '語言設定為:' + langtoword(lang)
133         text1 += '\n發音設定為:' + sound1
134         message = TextSendMessage(
135             text = text1
136         )
137         line_bot_api.reply_message(event.reply_token,message)
138     except:
139         line_bot_api.reply_message(event.reply_token,
                TextSendMessage(text='發生錯誤！'))
......
```

程式說明

■ 130-131 將 yes 轉換為「發音」，no 轉換為「不發音」。

■ 132　　 將語言代碼轉換為中文文字。

點選 **顯示設定** 的執行結果：

▌11.3.6 「切換發音」功能

「切換發音」功能會改變目前發音狀態：若目前會朗讀文字則改為不朗讀文字，若目前不會朗讀文字則改為朗讀文字。

程式碼：linebotTranslate.py（續）

```
......
48    elif mtext == '@切換發音':
49        toggleSound(event, lang, sound, userid)
......
141 def toggleSound(event, lang, sound, userid):  #切換發音狀態
142    try:
143        if sound == 'yes':   #原來是發音就設為不發音
144            sound='no'
145            sound1 = '不發音'
146        else:  #原來是不發音就設為發音
147            sound='yes'
148            sound1 = '發音'
149        sql_cmd = "update setting set lang='" + lang + "',
                    sound='" + sound + "' where uid='" + userid +"'"
150        db.engine.execute(sql_cmd)
151        message = TextSendMessage(
152            text = '發音設定為：' + sound1
153        )
154        line_bot_api.reply_message(event.reply_token,message)
155    except:
156        line_bot_api.reply_message(event.reply_token,
                            TextSendMessage(text='發生錯誤！'))
......
```

程式說明

- 143-145 若目前會發音則改為不發音。

- 146-148 若目前不發音則改為會發音。

- 149-150 將使用者設定狀態寫入資料庫。

- 151-154 顯示目前發音狀態。

點選 **切換發音** 的執行結果：

▌ 11.3.7 「翻譯與發音」功能

如果使用者直接輸入文字傳送，系統會執行翻譯，然後再視「發音狀態」的設定值決定是否轉換語音。

為簡化程式，本專題的原始文字設為繁體中文。

程式碼：linebotTranslate.py（續）

```
......
51      else:  # 一般文字進行翻譯
52          sendTranslate(event, lang, sound, mtext)
......
158 def sendTranslate(event, lang, sound, mtext):  # 翻譯及朗讀
159     try:
160         translator = Translator(from_lang="zh-Hant",
                    to_lang=lang)  # 來源是中文, 翻譯後語言為 lang
161         translation = translator.translate(mtext)  # 進行翻譯
162         if sound == 'yes':  # 發音
163             text = quote(translation)
164             stream_url = 'https://google-translate-proxy.
                    herokuapp.com/api/tts?query=' + text +
                    '&language=' + lang  # 使用 google 語音 API
```

```
165              message = [   #若要發音需傳送文字及語音，必須使用陣列
166                  TextSendMessage(  #傳送翻譯後文字
167                      text = translation
168                  ),
169                  AudioSendMessage(  #傳送語音
170                      original_content_url = stream_url,
171                      duration=20000
172                  ),
173              ]
174          else:  #不發音
175              message = TextSendMessage(
176                  text = translation
177              )
178          line_bot_api.reply_message(event.reply_token,message)
179      except:
180          line_bot_api.reply_message(event.reply_token,
                 TextSendMessage(text='發生錯誤！'))
......
```

程式說明

▧ 160　　　設定原始文字為是繁體中文，翻譯後語言為使用者狀態設定的語言。

▧ 161　　　進行翻譯。

▧ 162-173 如果使用者狀態設定為要發音就執行 163-173 列程式。

▧ 163　　　把要轉為語音的文字改成網頁編碼格式。

▧ 164　　　以 Google 語音 API 轉為語音。

▧ 165,173 要回覆文字及語音，因此需使用串列。

▧ 166-168 回覆翻譯後的文字訊息。

▧ 169-172 回覆語音訊息。

▧ 171　　　此處發音時間設為 20 秒。因為不同語言的文字結構不同，無法以字元長度計算大略發音時間。發音時間不準確只影響顯示的數值，不會影響發音結果。

▧ 174-178 如果使用者狀態設定為不發音就僅回覆翻譯後的文字訊息。

直接輸入文字的執行結果：(輸入的文字請輸入繁體中文)

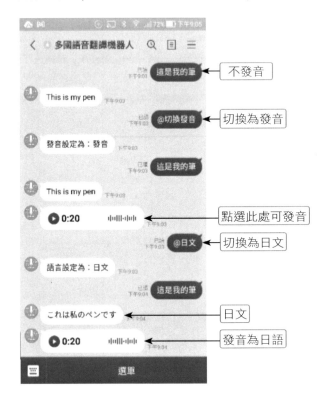

12

專題：線上旅館訂房管家

- ⊙ 專題方向
- ⊙ 關鍵技術
  - 蒐集顧客 LINE Id
  - 推播訊息給所有顧客
- ⊙ 實戰：線上旅館訂房管家
  - 建立資料表
  - 「使用說明」及「關於我們」功能
  - 「位置資訊」及「聯絡我們」功能
  - LIFF 訂房表單網頁
  - 預約訂房功能
  - 取消訂房功能
  - 推播訊息功能

12.1 專題方向

目前網路普及，大部分人已習慣在線上消費，尤其是出外旅遊前多半都會先在網路上訂房。若能使用 LINE Bot 訂房，不但能省去安裝 APP 的困擾，還可方便進行推播宣傳。

專題檢視

■ 「使用說明」功能讓使用者了解本專題應用程式的使用方法。

■ 「房間預約」功能可以預訂房間。為了簡化程式，每個 LINE 帳號只能進行一個預約訂房記錄。

■ 「取消訂房」功能可以取消預訂的房間。由於房間取消就無法復原，因此取消訂房時會再次要求使用者確認。

■ 「關於我們」功能會對旅館做簡單介紹及顯示旅館圖片。

■ 「位置資料」功能提供旅館地址，並會顯示 Google 地圖。

■ 「聯絡我們」功能可直接撥打電話與旅館聯繫。

■ 「推播功能」可發訊息給所有顧客進行宣傳，由於推播訊息屬於付費功能，此功能會以密碼進行管控。

12.2 關鍵技術

只要使用者將本 LINE Bot 加入為朋友，就會將使用者的 LINE Id 存於資料庫，如果旅館有訊息要通知顧客，例如推出優惠活動，可以將訊息一次推播給所有顧客。

▌12.2.1 蒐集顧客 LINE Id

本節範例：在 LINE 開發者頁面建立 ExForm LINE Bot，由於只是做簡單功能測試，因此不加入圖文選單。接著建立 Flask 程式 <linebotForm.py>，讓 LINE Bot 進行推播功能。

建立資料庫及資料表

本章要使用三個資料表：formuser 資料表是本範例使用，記錄使用者的 LINE Id；下一節旅館訂房程式有兩個資料表，hoteluser 資料表記錄使用者的 LINE Id，booking 資料表記錄訂房資料。為了方便，我們將其置於同一個資料庫中。

執行 **程式集 / PostgreSQL 13 / pgAdmin 4** 開啟資料庫管理程式，在 **Databases** 按滑鼠右鍵，於快顯功能表點選 **Create / Database**。**Database** 欄位輸入資料庫名稱「hotel」，**Owner** 欄位選擇管理者名稱 admin，按 **Save** 鈕完成建立名稱為 hotel 的資料庫。

建立資料表的程式碼為：

程式碼：createtable.py

```
......
5   app.config['SQLALCHEMY_DATABASE_URI'] = 'postgresql://
                         管理者名稱:管理者密碼@127.0.0.1:5432/hotel'
6   db = SQLAlchemy(app)
7
8   @app.route('/')
9   def index():
10      sql = """
11      CREATE TABLE formuser (
12      id serial NOT NULL,
13      uid character varying(50) NOT NULL,
14      PRIMARY KEY (id));
```

```
15
16      CREATE TABLE hoteluser (
17      id serial NOT NULL,
18      uid character varying(50) NOT NULL,
19      PRIMARY KEY (id));
20
21      CREATE TABLE booking (
22      id serial NOT NULL,
23      bid character varying(50) NOT NULL,
24      roomtype character varying(20) NOT NULL,
25      roomamount character varying(5) NOT NULL,
26      datein character varying(20) NOT NULL,
27      dateout character varying(20) NOT NULL,
28      PRIMARY KEY (id));
29      """
30      db.engine.execute(sql)
31      return "資料表建立成功！"
......
```

程式說明

- 5-6   連接資料庫。
- 11-14 建立 formuser 資料表。
- 16-19 建立 hoteluser 資料表。
- 13、38 「uid」欄位存使用者 LINE Id。
- 21-28 建立 booking 資料表。
- 23-27 「bid」欄位儲存訂房者的 LINE Id，「roomtype」欄位儲存訂房的房間類型，「roomamount」欄位儲存訂房的房間數量，「datein」欄位儲存訂房的入住日期，「dateout」欄位儲存訂房的退房日期。

執行程式後開啟瀏覽器，網址列輸入「http://127.0.0.1:5000/」，即可見到「資料表建立成功！」。在資料庫管理頁面 **invoice / Schemas / public / Tables** 中可見到新建立的三個資料表：formuser、hoteluser 及 booking。

記錄使用者 LINE Id

使用者第一次使用此 LINE Bot 時會將 LINE Id 寫入資料庫的程式碼：

程式碼：linebotForm.py

```
......
11 app.config['SQLALCHEMY_DATABASE_URI'] = 'postgresql://
      管理者名稱：管理者密碼@127.0.0.1:5432/hotel'
12 db = SQLAlchemy(app)
......
24 @handler.add(MessageEvent, message=TextMessage)
25 def handle_message(event):
26     userid = event.source.user_id
27     sql_cmd = "select * from formuser where uid='" + userid + "'"
28     query_data = db.engine.execute(sql_cmd)
29     if len(list(query_data)) == 0:
30       sql_cmd = "insert into formuser (uid) values('" + userid + "');"
31       db.engine.execute(sql_cmd)
......
```

程式說明

▣ 11-12   連接 hotel 資料庫。

▣ 26   以「event.source.user_id」取得使用者 LINE Id。

▣ 27-28   檢查此 LINE Id 在資料庫是否存在。

▣ 29-31   若 LINE Id 不存在就將 LINE Id 寫入 formuser 資料表。

啟動本機及 ngrok 伺服器，在 LINE 開發者 ExForm LINE Bot 頁面，掃描 QRCode
加入朋友，隨意傳送一個訊息，此時 LINE Id 就會寫入資料庫。

在資料庫管理頁面 **formuser** 資料表按滑鼠右鍵，於快顯功能表點選 **View/Edit Data
/ All Rows** 查看：即可見到已新增一筆 LINE Id 資料。

12.2.2 推播訊息給所有顧客

在這個強調大數據的時代,「資料」就代表著金錢及商機。蒐集了客戶的 LINE Id 後,可以做許多應用,其中之一就是可以發各種訊息給所有客戶,例如住房優惠活動、親子住宿活動等。

許多應用程式推播訊息是在瀏覽器中執行,為了執行方便,本專題設計為直接在 LINE 中進行推播訊息。為防止不肖人士浮濫推播,造成大量推播費用,我們為推播功能加入密碼機制:訊息是以「密碼」加上推播訊息組成的字串傳送,程式中檢查密碼正確才進行推播。(每個使用者每月有 500 則免費推播訊息額度,超過 500 則即要付費,請謹慎使用此功能。)

推播訊息的語法為:

```
line_bot_api.push_message(to=LINE Id, messages=[ 訊息元件元素列表 ])
```

- **to**:推播對象的 LINE Id。

- **messages**:推播內容串列。串列元素為訊息元件,訊息元件即為前面介紹的回覆訊息元件,如 TextSendMessage、ImageSendMessage 等。

推播訊息給所有顧客程式碼為:

程式碼:linebotForm.py (續)

```
......
33     mtext = event.message.text
34     if mtext[:6] == '123456' and len(mtext) > 6:   # 推播給所有顧客
35         pushMessage(event, mtext)
36
37 def pushMessage(event, mtext):   ## 推播訊息給所有顧客
38     try:
39         msg = mtext[6:]   # 取得訊息
40         sql_cmd = "select * from formuser"
41         query_data = db.engine.execute(sql_cmd)
42         userall = list(query_data)
43         for user in userall:   # 逐一推播
44             message = TextSendMessage(
45                 text = msg
46             )
47             line_bot_api.push_message(to=user[1],
                                        messages=[message])   # 推播訊息
```

```
48      except:
49          line_bot_api.reply_message(event.reply_token,
                                TextSendMessage(text='發生錯誤！'))
......
```

程式說明

- 🔲 **33-35**　此處設密碼為「123456」，若使用者傳送訊息是以「123456」開頭，表示要執行推播訊息給所有顧客。

- 🔲 **37-49**　pushMessage 為推播訊息給所有顧客的函式。

- 🔲 **39**　　移除前面 6 個字元就是推播訊息內容。

- 🔲 **40-41**　讀取 formuser 資料表所有資料記錄。

- 🔲 **43-47**　逐一使用 LINE Id 推播訊息給顧客。

- 🔲 **47**　　「user[1]」為使用者 LINE Id。

啟動本機及 ngrok 伺服器，輸入「123456」開頭的訊息，所有顧客都會收到去除「123456」的訊息。

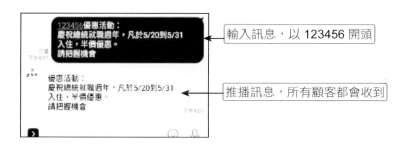

輸入訊息，以 123456 開頭

推播訊息，所有顧客都會收到

12.3 實戰：線上旅館訂房管家

觀光旅遊已成為國人日常生活的一部分，各地旅館、飯店、民宿更如雨後春筍般蓬勃發展。目前線上訂房多在網頁或 APP 進行，若能使用 LINE Bot 訂房，不但省去安裝 APP 的困擾，還可方便進行推播宣傳。

本專題為簡化程式，訂房項目僅列出象徵性幾項資料，且每個 LINE 帳號只能進行一個訂房。

▌ 12.3.1 建立資料表

本節範例：在 LINE 開發者頁面建立「線上旅館訂房管家」LINE Bot，加入圖文選單：版型使用「大型」的第一個版型 (六個項目)，圖形上傳本章範例 <media/ehappyHotel.png>，所有項目類型皆選擇「文字」，傳送的文字分別設定為 @ 使用說明、@ 房間預約、@ 取消訂房、@ 關於我們、@ 位置資訊、@ 聯絡我們。接著建立 Flask 程式 <linebotHotel.py>，讓 LINE Bot 回應使用者點選圖文選單功能。

本專題使用兩個資料表：hoteluser 資料表記錄使用者的 LINE Id，可用來推播訊息給使用者；booking 資料表記錄訂房資料。

程式碼：linebotHotel.py

```
......
12 # 定義 PostgreSQL 連線字串
13 app.config['SQLALCHEMY_DATABASE_URI'] = 'postgresql://
                              管理者名稱:管理者密碼@127.0.0.1:5432/hotel'
14 db = SQLAlchemy(app)
......
23 # 重置資料庫
24 @app.route('/createdb')
25 def createdb():
26     sql = """
27     DROP TABLE IF EXISTS hoteluser, booking;
28
29     CREATE TABLE hoteluser (
30     id serial NOT NULL,
31     uid character varying(50) NOT NULL,
32     PRIMARY KEY (id));
33
```

```
34      CREATE TABLE booking (
35      id serial NOT NULL,
36      bid character varying(50) NOT NULL,
37      roomtype character varying(20) NOT NULL,
38      roomamount character varying(5) NOT NULL,
39      datein character varying(20) NOT NULL,
40      dateout character varying(20) NOT NULL,
41      PRIMARY KEY (id))
42      """
43      db.engine.execute(sql)
44      return " 資料表建立成功！"
......
```

程式說明

- ■ 13-14　　連接資料庫。
- ■ 24-44　　在 flask 的網站新增「/createdb」路由，進行這個頁面時程式會在
　　　　　　PostgreSQL 的 hotel 資料庫中加入相關的資料表。
- ■ 27　　　　檢查是否有 hoteluser 及 booking 資料表，如果有即刪除。
- ■ 29-41　　建立 hoteluser 及 booking 資料表。
- ■ 43-44　　執行 SQL 指令完成資料表的建置，並顯示訊息。

12.3.2 「使用說明」及「關於我們」功能

使用說明

多數使用者加 LINE Bot 為好友後，常不知如何使用 LINE Bot。以下將介紹如何利用
「使用說明」回覆文字訊息。

程式碼：linebotHotel.py（ 續 ）

```
......
56  @handler.add(MessageEvent, message=TextMessage)
57  def handle_message(event):
58      user_id = event.source.user_id
59      sql_cmd = "select * from hoteluser where uid='" + user_id + "'"
60      query_data = db.engine.execute(sql_cmd)
61      if len(list(query_data)) == 0:
62          sql_cmd = "insert into hoteluser (uid)
                                    values('" + user_id + "');"
63          db.engine.execute(sql_cmd)
```

```
64
65      mtext = event.message.text
66      if mtext == '@使用說明':
67          sendUse(event)
......
98  def sendUse(event):    #使用說明
99      try:
100         text1 ='''
101 1.「房間預約」及「取消訂房」可預訂及取消訂房。每個 LINE 帳號只能進行一個預約記錄。
102 2.「關於我們」對旅館做簡單介紹及旅館圖片。
103 3.「位置資料」列出旅館地址,並會顯示地圖。
104 4.「聯絡我們」可直接撥打電話與我們聯繫。
105             '''
106         message = TextSendMessage(
107             text = text1
108         )
109         line_bot_api.reply_message(event.reply_token,message)
110     except:
111         line_bot_api.reply_message(event.reply_token,
                             TextSendMessage(text='發生錯誤!'))
......
```

程式說明

- 58　　　取得使用者 LINE Id。

- 59-60　檢查使用者 LINE Id 是否存在。

- 61-62　若 hoteluser 資料表中無此使用者 LINE Id,就將使用者 LINE Id 寫入 hoteluser 資料表。

- 65-67　使用者按圖文選單「使用說明」就執行 sendUse 函式。

- 100-105 使用「'''」方式定義文字字串:此方式可以在程式中就見到文字呈現的模樣,不必再使用「\n」換行。

- 106-109 顯示文字訊息。

關於我們

「關於我們」同時回覆文字訊息及圖片訊息。

程式碼：linebotHotel.py（續）

```
......
75      elif mtext == '@ 關於我們 ':
76          sendAbout(event)
......
181   def sendAbout(event):   # 關於我們
182     try:
183         text1 = " 我們提供良好的環境及優質的住宿服務，
                        使您有賓至如歸的感受，歡迎來體驗美好的經歷。"
184         message = [
185             TextSendMessage(   # 旅館簡介
186                 text = text1
187             ),
188             ImageSendMessage(   # 旅館圖片
189                 original_content_url = "https://i.imgur.com/1NSDAvo.jpg",
190                 preview_image_url = "https://i.imgur.com/1NSDAvo.jpg"
191             ),
192         ]
193         line_bot_api.reply_message(event.reply_token,message)
194     except:
195         line_bot_api.reply_message(event.reply_token,
                            TextSendMessage(text=' 發生錯誤！'))
......
```

程式說明

■ 75-76　使用者按圖文選單「關於我們」就執行 sendAbout 函式。

■ 184-192 以串列傳送多個訊息。

■ 185-187 文字訊息。

■ 188-191 圖片訊息。

開啟本機及 ngrok 伺服器，點選 **使用說明** 及 **關於我們** 的執行結果：

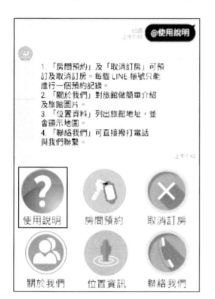

文字訊息

圖片訊息

▌12.3.3 「位置資訊」及「聯絡我們」功能

位置資訊

「位置資訊」也可同時回覆兩個訊息：以文字訊息顯示地址，以位置訊息顯示旅館 Google 地圖。

程式碼：linebotHotel.py （續）

```
......
78    elif mtext == '@位置資訊':
79        sendPosition(event)
......
197   def sendPosition(event):  #位置資訊
198     try:
199         text1 = "地址：南投縣埔里鎮信義路 85 號"
200         message = [
201             TextSendMessage(   #顯示地址
202                 text = text1
203             ),
204             LocationSendMessage(   #顯示地圖
```

```
205                    title = "宜居旅舍",
206                    address = text1,
207                    latitude = 23.97381,
208                    longitude = 120.977198
209                ),
210            ]
211        line_bot_api.reply_message(event.reply_token,message)
212    except:
213        line_bot_api.reply_message(event.reply_token,
                                TextSendMessage(text='發生錯誤！'))
......
```

程式說明

- 78-79　　使用者按圖文選單「位置資訊」就執行 sendPosition 函式。

- 201-203　以文字訊息顯示地址。

- 204-209　以位置訊息顯示地圖。

聯絡我們

「聯絡我們」以按鈕樣板建立 **撥打電話** 按鈕，使用者點選 **撥打電話** 鈕就會撥打旅館電話與旅館服務人員聯絡。

程式碼：linebotHotel.py（續）

```
......
52    elif mtext == '@聯絡我們':
53        sendContact(event)
......
186  def sendContact(event):   #聯絡我們
187    try:
188        message = TemplateSendMessage(
189            alt_text = "聯絡我們",
190            template = ButtonsTemplate(
191                thumbnail_image_
                    url='https://i.imgur.com/tVjKzPH.jpg',
192                title='聯絡我們',
193                text='打電話給我們',
194                actions=[
195                    URITemplateAction(label='撥打電話',
                        uri='tel:0123456789')   #開啟打電話功能
196                ]
197            )
198        )
199        line_bot_api.reply_message(event.reply_token,message)
```

```
200        except:
201            line_bot_api.reply_message(event.reply_token,
                   TextSendMessage(text='發生錯誤！'))
......
```

程式說明

■ 52-53　使用者按圖文選單「聯絡我們」就執行 sendContact 函式。

■ 190-197 建立按鈕樣板。

■ 194-196 設定按鈕功能為撥打電話。

點選 **位置資訊** 及 **聯絡我們** 的執行結果：

 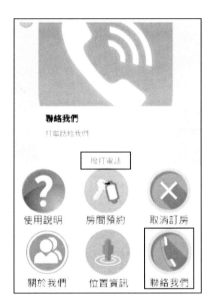

▍12.3.4 LIFF 訂房表單網頁

本專題將利用 flask 的 render_template 模組生成自訂的內嵌網頁，將使用者填完頁面中的表單資料，還能將資料回傳到 LINE Bot 程式中顯示。

建立自訂 LIFF 內嵌網頁

訂房表單 <hotel_form.html> 原始碼：

程式碼：templates\hotel_form.html

```
......
10 <body>
11     <div class="row" style="margin: 10px">
12         <div class="col-12" style="margin: 10px">
13             <label> 房間型式 </label>
14             <select id="sel_type" class="form-control">
15                 <option selected> 雙人房 </option>
16                 <option> 四人房 </option>
17                 <option> 六人房 </option>
18                 <option> 通舖 </option>
19             </select>
20             <br />
21             <label> 房間數量 </label>
22             <input type="number" id="txb_amount"
                    class="form-control" />
23             <br />
24             <label> 進住日期 </label>
25             <input type="date" id="in_datetime" value=""
                    class="form-control" />
26             <br />
27             <label> 退房日期 </label>
28             <input type="date" id="out_datetime" value=""
                    class="form-control" />
29             <br />
30             <button class="btn btn-success btn-block"
                    id="btn_reserve"> 確定 </button>
31         </div>
32     </div>
33     <script src="https://static.line-scdn.net/liff/edge/2/
            sdk.js"></script>
34 <script>
```

```
35        function initializeLiff(myLiffId) {
36            liff.init({liffId: myLiffId });
37        }
38
39        function reserve(type, amount, in_datetime, out_datetime) {
40            if (amount == '' || type == '' || in_datetime == ''
                   || out_datetime=='') {   // 資料檢查
41                alert(' 所有欄位都要填寫！');
42                return;
43            }
44          if ((Date.parse(in_datetime)).valueOf() >=
                 (Date.parse(out_datetime)).valueOf()) {
45          alert(" 退房日期不能小於等於進住日期！");
46          return;
47            }
48            var msg = "###";   // 回傳訊息字串
49            msg = msg + type + "/";
50            msg = msg + amount + "/";
51            msg = msg + in_datetime + "/";
52            msg = msg + out_datetime + "/";
53      liff.sendMessages([   // 推播訊息
54      { type: 'text',
55        text: msg
56      }
57        ])
58      .then(() => {
59        liff.closeWindow();   // 關閉視窗
60      });
61  }
62
63  $(document).ready(function () {
64      initializeLiff('{{ liffid }}');
65              $('#btn_reserve').click(function (e) {   // 按下確定鈕
66                  reserve($('#sel_type').val(), $('#txb_amount').val(),
                        $('#in_datetime').val(), $('#out_datetime').val());
67              });
68  });
69      </script>
70  </body>
71  </html>
```

注意 64 列程式，其中的「liffid」將會從路由的參數傳遞過來。

建立 LIFF 應用程式

在建立 LIFF 應用程式之前要先在本機啟動 ngrok 的服務，請記錄執行畫面中 https 的網址，等一下在 flask 程式中，將為剛才的靜態表單頁面建立路由「/page」，只要瀏覽這個網址即可看到這個表單頁面。得到了能顯示表單頁面的網址後，接下來就可以建立 LIFF 應用程式：

1. 開啟 LINE Bot 管理頁面，進入 ehappyLIFF Channel，點選 **LIFF** 頁籤，按 **Add** 鈕建立新的 LIFF。

2. **Name** 欄輸入 LIFF 名稱「LIFFHotel」，**Size** 欄點選 **Tall**。

3. **Endpoint URL** 欄請輸入剛才 ngrok 產生的網址加上「/page」，例如「https;// abcd12345678.ngrok.io/page」。

4. **Scopes** 欄選 **openid** 及 **chat_message.write**

5. **Bot link feature** 欄選 **On (Normal)**，按 **Add** 鈕建立 LIFF。

6. 回到管理頁面 LIFF 頁籤，請記錄 LIFF ID，將要在下一個步驟中使用。

建立 flask 靜態頁面路由

回到 flask 程式後要新增「/page」這個路由，利用 render_template 模組，將剛才的 <hotel_form.html> 當成樣板頁面匯入，並加入 LIFF ID 參數顯示在其中。

程式碼：linebotFunc5.py（續）

```
......
15  # 定義 LIFF ID
16  liffid = '申請的 LIFF ID'
17
18  #LIFF 靜態頁面
19  @app.route('/page')
20  def page():
21      return render_template('hotel_form.html', liffid = liffid)
......
```

程式說明

- 16 　　將剛才生成的 LIFF ID 更新到 liffid 變數中。

- 19-21 　新增「/page」路由，是將 hotel_form.html 匯入，並傳遞 liffid 變數到頁面中顯示。

▌ 12.3.5 預約訂房功能

與預約訂房相關的程式碼有兩部分：一個是使用者在圖文表單按 **房間預約** 項目的程式碼，一個是使用者填完表單將資料傳回 LINE Bot 的程式碼。

使用者在圖文表單按 **房間預約** 項目的程式碼：

程式碼：linebotHotel.py（續）

```
......
69    elif mtext == '@房間預約':
70        sendBooking(event, user_id)
......
113  def sendBooking(event, user_id):  #房間預約
114    try:
115        sql_cmd = "select * from booking where bid='" + user_id + "'"
116        query_data = db.engine.execute(sql_cmd)
117        if len(list(query_data)) == 0:
118            message = TemplateSendMessage(
119                alt_text = "房間預約",
120                template = ButtonsTemplate(
121                    thumbnail_image_url=
                                      'https://i.imgur.com/1NSDAvo.jpg',
122                    title='房間預約',
123                    text='您目前沒有訂房記錄，可以開始預訂房間。',
124                    actions=[
125                        URITemplateAction(label='房間預約',
                                uri='https://liff.line.me/' + liffid)
                                # 開啟 LIFF 讓使用者輸入訂房資料
126                    ]
127                )
128            )
129        else:  #已有訂房記錄
130            message = TextSendMessage(
131                text = '您目前已有訂房記錄，不能再訂房。'
132            )
133        line_bot_api.reply_message(event.reply_token,message)
134    except:
135        line_bot_api.reply_message(event.reply_token,
                                TextSendMessage(text='發生錯誤！'))
......
```

程式說明

- 69-70　　　　使用者按圖文選單「房間預約」就執行 sendBooking 函式。

- 115-116　　　以使用者 LINE Id 檢查使用者是否訂房。

- 117-128　　　如果使用者沒有訂房記錄就執行此段程式。

- 120-128　建立按鈕樣板。

- 124-126　使用者按 **房間預約** 鈕就開啟 LIFF 表單讓使用者輸入訂房資料。

- 125　LIFF 內嵌頁面的連結。

- 129-132　本專題為簡化程式，使用者只能訂房一次。如果使用者已有訂房記錄就告知使用者無法再訂房。

使用者填完表單將資料傳回 LINE Bot 的程式碼：

程式碼：linebotHotel.py（續）

```
......
84     elif mtext[:3] == '###' and len(mtext) > 3:    #處理LIFF傳回的FORM資料
85         manageForm(event, mtext, user_id)
......
232    def manageForm(event, mtext, user_id):    # 處理 LIFF 傳回的 FORM 資料
233      try:
234          flist = mtext[3:].split('/')    #去除前三個「#」字元再分解字串
235          roomtype = flist[0]    #取得輸入資料
236          amount = flist[1]
237          in_date = flist[2]
238          out_date = flist[3]
239          sql_cmd = "insert into booking (bid, roomtype, roomamount,
                         datein, dateout) values('" + user_id + "', '" +
                         roomtype + "', '" + amount + "', '" +
                         in_date + "', '" + out_date + "');"
240          db.engine.execute(sql_cmd)
241          text1 = " 您的房間已預訂成功，資料如下："
242          text1 += "\n 房間型式：" + roomtype
243          text1 += "\n 房間數量：" + amount
244          text1 += "\n 入住日期：" + in_date
245          text1 += "\n 退房日期：" + out_date
246          message = TextSendMessage(    #顯示訂房資料
247              text = text1
248          )
249          line_bot_api.reply_message(event.reply_token,message)
250      except:
251          line_bot_api.reply_message(event.reply_token,
                              TextSendMessage(text=' 發生錯誤！'))
......
```

程式說明

- 84-85　若傳回字串以「###」開頭，表示這是使用者傳回的表單資料。

- 234　LIFF 表單傳回的資料以「###」開頭，所以先移除前 3 個字元，再以「/」字元分割字串，即可還原表單各欄位資料。

- ■ 235-238　取得表單各欄位資料。
- ■ 239-240　將訂房資料寫入資料庫。
- ■ 241-249　顯示訂房資料。

使用者在圖文表單按 **房間預約** 就顯示房間預約按鈕樣板，於樣板中按 **房間預約** 鈕就顯示 LIFF 表單讓使用者填寫訂房資料。使用者完成表單填寫後按 **建立** 鈕就將表單傳回同時關閉 LIFF 表單，LINE Bot 會顯示訂房資料。

若使用者再按圖文表單 **房間預約**，就顯示不能再訂房訊息。

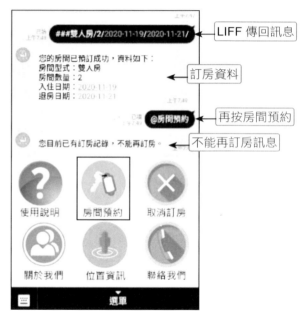

‖ 12.3.6 取消訂房功能

若顧客臨時有事可取消訂房。取消訂房相關的程式碼也有兩部分：一個是使用者在圖文表單按 **取消訂房** 項目的程式碼，一個是使用者在確認樣板按 **是** 鈕的程式碼。

使用者在圖文表單按 **取消訂房** 項目的程式碼：

程式碼：linebotHotel.py（續）

```
......
72     elif mtext == '@取消訂房':
73         sendCancel(event, user_id)
......
137   def sendCancel(event, user_id):   #取消訂房
138     try:
139         sql_cmd = "select * from booking where bid='" + user_id + "'"
140         query_data = db.engine.execute(sql_cmd)
141         bookingdata = list(query_data)
142         if len(bookingdata) > 0:
143             roomtype = bookingdata[0][2]
144             amount = bookingdata[0][3]
145             in_date = bookingdata[0][4]
146             out_date = bookingdata[0][5]
147             text1 = "您預訂的房間資料如下："
148             text1 += "\n房間型式：" + roomtype
149             text1 += "\n房間數量：" + amount
150             text1 += "\n入住日期：" + in_date
151             text1 += "\n退房日期：" + out_date
152             message = [
153                 TextSendMessage(   #顯示訂房資料
154                     text = text1
155                 ),
156                 TemplateSendMessage(   #顯示確認視窗
157                     alt_text='取消訂房確認',
158                     template=ConfirmTemplate(
159                         text='你確定要取消訂房嗎？',
160                         actions=[
161                             PostbackTemplateAction(   #按鈕選項
162                                 label='是',
163                                 data='action=yes'
164                             ),
165                             PostbackTemplateAction(
166                                 label='否',
167                                 data='action=no'
168                             )
169                         ]
170                     )
171                 )
```

```
172              ]
173          else:    # 沒有訂房記錄
174              message = TextSendMessage(
175                  text = '您目前沒有訂房記錄！'
176              )
177          line_bot_api.reply_message(event.reply_token,message)
178      except:
179          line_bot_api.reply_message(event.reply_token,
                                      TextSendMessage(text='發生錯誤！'))
......
```

程式說明

- **72-73** 　　使用者按圖文選單「取消訂房」就執行 sendCancel 函式。
- **139-140** 　以使用者 LINE Id 檢查使用者是否訂房。
- **142-172** 　如果使用者有訂房記錄就執行此段程式。
- **143-146** 　取出訂房記錄各欄位資料。
- **147-151** 　組合訂房記錄資料字串。
- **152-172** 　回覆兩個訊息：文字訊息及確認樣板。
- **153-155** 　文字訊息：顯示訂房資料。
- **156-171** 　建立確認樣板。
- **173-176** 　如果使用者沒有訂房記錄，以文字訊息告知使用者。

使用者在確認樣板按 **是** 鈕的程式碼：

程式碼：linebotHotel.py（續）

```
......
90      @handler.add(PostbackEvent)    #PostbackTemplateAction 觸發此事件
91      def handle_postback(event):
92       backdata = dict(parse_qsl(event.postback.data))    #取得 Postback 資料
93       if backdata.get('action') == 'yes':
94          sendYes(event, event.source.user_id)
95       else:
96          line_bot_api.reply_message(event.reply_token,
                              TextSendMessage(text='你已放棄取消訂房操作！'))
......
253     def sendYes(event, user_id):    #處理取消訂房
254      try:
255          sql_cmd = "delete from booking where bid='" + user_id + "'"
256          db.engine.execute(sql_cmd)
257          message = TextSendMessage(
258              text = "您的房間預訂已成功刪除。\n 期待您再次預訂房間，謝謝！"
259          )
```

```
260          line_bot_api.reply_message(event.reply_token,message)
261      except:
262          line_bot_api.reply_message(event.reply_token,
                          TextSendMessage(text='發生錯誤！'))
......
```

程式說明

- 90-96　　　　執行 PostbackTemplateAction 觸發的 PostbackEvent 事件。

- 92　　　　　取得 Postback 傳回的資料。

- 93-94　　　　使用者在取消訂房功能的確認樣板中按 **是** 鈕執行的功能函式：傳送
　　　　　　　使用 LINE Id 做為參數，在資料庫刪除該使用者的訂房記錄。若使
　　　　　　　用者按 **否** 鈕沒有對應函式，即按 **否** 鈕不執行任何程式碼。

- 255-256　　　從資料庫中移除訂房資料記錄。

- 257-260　　　顯示取消訂房成功訊息。

使用者在圖文表單按 **取消訂房** 就顯示訂房資料及確認樣板，於樣板中按 **是** 鈕就顯
示取消訂房成功訊息。若使用者再按圖文表單 **取消訂房**，就顯示沒有訂房訊息。

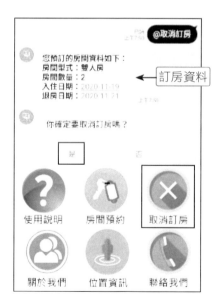

12.3.7 推播訊息功能

本專題使用「123456」做為推播訊息給所有顧客的密碼，程式碼為：

程式碼：linebotHotel.py（續）

```
......
87      elif mtext[:6] == '123456' and len(mtext) > 6:   # 推播給所有顧客
88          pushMessage(event, mtext)
......
264  def pushMessage(event, mtext):   ## 推播訊息給所有顧客
265    try:
266        msg = mtext[6:]   # 取得訊息
267        sql_cmd = "select * from hoteluser"
268        query_data = db.engine.execute(sql_cmd)
269        userall = list(query_data)
270        for user in userall:   # 逐一推播
271            message = TextSendMessage(
272                text = msg
273            )
274            line_bot_api.push_message(to=user[1],
                                       messages=[message])   # 推播訊息
275    except:
276        line_bot_api.reply_message(event.reply_token,
                                   TextSendMessage(text='發生錯誤！'))
......
```

程式解說及執行結果參考前一節。

13

部署專題到 Heroku

- ⊙ 認識 HeroKu
- ⊙ 部署 HeroKu 專題環境建置
  - 建立 Heroku 應用程式
  - Heroku 中建立 PostgreSQL 資料庫
  - 安裝 Git 版本管理軟體
  - 安裝 Heroku CLI
- ⊙ 部署 HeroKu 專題
  - 建置空白虛擬環境
  - 建立上傳檔案結構
  - 上傳專題到 Heroku
  - 測試部署的成果
  - 部署後修改專題內容

13.1 認識 HeroKu

在本機執行專題網站雖然方便，但 ngrok 每次重新執行就會改變網址，非常不方便，只能做測試用，無法常態性讓所有人使用。而自行架設網頁伺服器不僅需耗費大量的時間及金錢，後續管理更要花費不少精力。

關於 HeroKu

將專題網站置於 PaaS (Platform as a Service) 網路服務平台是目前大多數網站開發者的選擇，PaaS 將網站視為一個應用程式，只要調整網站的結構符合 PaaS 的規則，系統就可正常運行。PaaS 的優點是開發者只需專注於網站的功能，其餘主機相關事宜都由 PaaS 去操心。

Heroku (https://www.heroku.com/) 是一個支援多種程式語言的雲端即時服務平台，目前支援 Ruby、Java、Node.js、Scala、Clojure、Python、PHP 和 Perl。雖然目前 Google、Microsoft Azure、Amazon 都有提供類似的服務，但是 Heroku 除了簡單易用，並且有提供免費的方案，非常適合一般開發者使用。

準備部署的專題

本章將利用「線上旅館訂房管家」專題進行 HeroKu 雲端主機上應用程式的部署，這個專題除了一般 LINE Bot 文字、圖片、地點、聯絡的基本功能之外，還包含了 PostgreSQL 資料庫與 LIFF 嵌入外部表單等進階功能，在練習時幾乎就能體驗所有 LINE Bot 的重要功能，對於學習者來說十分受用。

在進行 HeroKu 專題部署前，請先到 LINE Bot 開發者網站進行專題的新增及基礎設定，詳細的內容如下：

1. 本專題將在 HeroKu 上申請「booking-linebot」為應用程式名稱，所以服務的網址為「https://booking-linebot.herokuapp.com」，相關的功能路徑為：

   ■ Webhook 網址：「https://booking-linebot.herokuapp.com/callback」

   ■ 資料庫建置：「https://booking-linebot.herokuapp.com/createdb」

   ■ LIFF 表單頁面：「https://booking-linebot.herokuapp.com/page」

   注意：「booking-linebot」申請後即為這個專題使用不能重複，讀者在操作時必須自行申請新的專題名稱，並自行取代以上功能路徑中相關的專題名稱處。

2. 在 LINE 開發者頁面建立「線上旅館訂房管家」LINE Bot，請利用 Webhook 網址進行設定，並記錄該專題的 Channel Secret 與 Channel Access Token。

3. 加入圖文選單：使用「大型」的第一個版型（六個項目），所有項目類型皆選擇「文字」，傳送的文字分別設定為 @ 使用說明、@ 房間預約、@ 取消訂房、@ 關於我們、@ 位置資訊、@ 聯絡我們。

4. 最後利用 LIFF 表單頁面的網址，去新增 LIFF 的頁面，並記錄產生的 LIFF ID。

完成了這些動作後，即可開始進行 HeroKu 專題的佈署動作。

13.2 部署 HeroKu 專題環境建置

申請完 HeroKu 的帳號並登入後即可建置專題，並且新增 PostgreSQL 資料庫的資源，方便接下來的部署動作。

▌13.2.1 建立 Heroku 應用程式

1. 如果沒有帳號必須先註冊： 開啟「https://www.heroku.com/」網頁，按 **SIGN UP FOR FREE** 鈕進入建立免費帳號頁面。填寫所有欄位資料，最後按 **CREATE FREE ACCOUNT** 鈕建立免費帳號，建立後按 **LOG IN** 鈕登入。

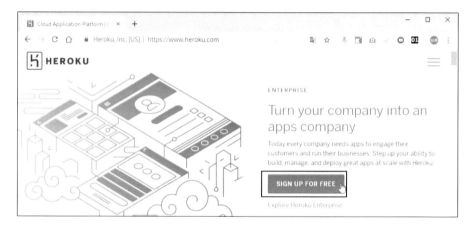

2. 登入 Heroku 應用程式管理頁面「https://dashboard.heroku.com/apps」，點選右上角 **New** 鈕，於下拉式選單按 **Create new app** 建立應用程式。

3. **App Name** 欄位輸入應用程式名稱，不可與其他使用者的應用程式名稱重覆，名稱也不能使用大寫字母。

使用者輸入名稱後，系統會告知該名稱是否可用，此處輸入「booking-linebot」，按 **Create app** 鈕完成建立應用程式。

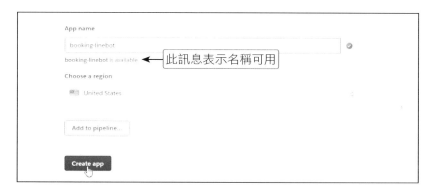

13.2.2 Heroku 中建立 PostgreSQL 資料庫

Heroku 預設使用的資料庫是 PostgreSQL 資料庫，請依下述步驟建立資料庫資源後取得連線資料。

建立 PostgreSQL 資料庫資源

1. 於 Heroku 應用程式管理頁面點選 **Resources**，在底下的 **Add-ons** 搜尋欄位輸入「postgres」，然後選 **Heroku Postgres**。

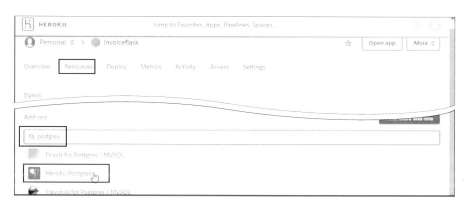

2. **Plan name** 點選免費的 **Hobby Dev – Free**，按 **Submit Order Form** 鈕完成。

3. 回到管理頁面，在 **Add-ons** 項目中可見到新建立的 Heroku Postgres 資料庫。

取得 PostgreSQL 資料庫連線資料

1. 在管理頁面 **Resources** 頁籤點選 **Add-ons** 項目中的 **Heroku Postgres** 資料庫。

2. **DATA** 頁面切換 **Settings** 頁籤，點選 **View Credentials** 鈕。

3. 在頁面中可看到 Heroku 的 Postgres 資料庫各項資訊：主機 (Host)、資料庫名稱 (Database)、使用者名稱 (User)、埠號 (Port) 和密碼 (Password)。

   但這裡建議可以複製連線字串 (URI)，其中已經包含了主機、資料庫、使用者名稱、埠位、密碼了，這個資訊將要填入等一下的程式中使用。

13.2.3 安裝 Git 版本管理軟體

Heroku 使用 Git 版本管理軟體進行網站部署，因此必須安裝 Git 版本管理軟體。

1. 開啟 Git 官網「https://git-scm.com/」，點選 **Download x.x.x for Windows** 鈕下載 Git 安裝程式。

2. 執行下載的檔案進行安裝，請依循畫面的提示進行設定，最後按 **Finish** 鈕完成安裝。

3. 第一次使用 Git 時需設定基本資料 (使用者名稱及電子郵件)：在命令提示字元視窗輸入下列命令。

```
git config --global user.name "使用者名稱"
git config --global user.email "電子郵件"
```

▌13.2.4 安裝 Heroku CLI

Heroku 使用 Git 版本管理軟體進行網站部署，Heroku 官方撰寫了 Heroku CLI 套裝軟體，方便使用者利用 Git 將檔案與 Heroku 伺服器同步。

1. 應用程式建立完成後，會切換到應用程式管理頁面，將網頁向下捲到 **Deploy using Heroku Git** 處，點選 **Heroku CLI** 連結。

2. Heroku CLI 下載頁面可下載各種系統使用的 Heroku CLI 安裝檔，此處以 64 位元的 Windows 系統為例：點選 **Windows** 處的 **64 bit installer** 鈕。

3. 執行下載的檔案即可完成安裝。

13.3 部署 HeroKu 專題

部署專題的環境建置完成後，還需要調整專題的檔案結構及進行一些 Heroku 設定，才能將專題檔案上傳到 Heroku 伺服器讓所有人使用。

▌13.3.1 建置空白虛擬環境

Python 環境使用一段時間後會安裝許多模組，如果部署專題時將這些模組一併部署到伺服器的話，不但會佔據大量伺服器空間，也可能影響伺服器執行效率，因此部署專題時，最好先新增一個空白虛擬環境，將要部署的專題置於此空白虛擬環境，再安裝專題所需的模組，就可達到最佳部署狀態。

1. **Python** 安裝時並未加入建立虛擬環境的模組，在命令提示字元視窗執行下面命令安裝建立虛擬環境的模組：

```
pip install virtualenv
```

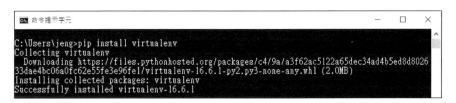

2. 切換到 C 磁碟機根目錄，以 **virtualenv** 指令建立 **herokuenv** 虛擬環境：

```
cd c:\
virtualenv herokuenv
```

系統會新增 <herokuenv> 資料夾，並建立虛擬環境所需的程式檔案：

3. 切換到 <herokuenv> 資料夾，以 activate 指令啟動虛擬環境：

```
cd herokuenv
Scripts\activate
```

(herokuenv) 表示在虛擬環境

4. 在 **命令提示字元** 視窗以下列命令安裝 Flask 模組：

```
pip install flask==1.1.2
```

LINE Bot 專題必定會使用 line-bot-sdk 模組與使用者互動，因此需安裝 line-bot-sdk 模組：

```
pip install line-bot-sdk==1.18.0
```

接著安裝 Heroku 中一些必要的模組：

```
pip install gunicorn SQLAlchemy Flask-SQLAlchemy psycopg2
         python-dateutil
```

如果專題還有使用其他模組就依序安裝，可以使用顯示安裝模組指令查看模組是否已經安裝完成：

```
pip list
```

```
(herokuenv) C:\herokuenv>pip list
Package          Version
---------------- ----------
certifi          2020.12.5
chardet          4.0.0
click            7.1.2
Flask            1.1.2
Flask-SQLAlchemy 2.4.4
future           0.18.2
gunicorn         20.0.4
idna             2.10
itsdangerous     1.1.0
Jinja2           2.11.2
```

5. 最後複製「線上旅館訂房管家」專題中的 <linebotHotel.py> 檔案及 <templates> 資料夾到 <herokuenv> 資料夾中。

6. 開啟 <linebotHotel.py> 進行編輯，將設定時專題的 Channel Secret 與 Channel Access Token、PostgreSQL 資料庫的連線字串、還有 LIFF ID 都填入程式之中：

13.3.2 建立上傳檔案結構

在 Heroku 部署專題時需告訴 Heroku 要安裝哪個版本的 Python 系統、專題需使用的模組及啟動專題的方式與檔案。

建立 <requirements.txt>

部署專題時，Heroku 如何知道該安裝哪些模組呢？Heroku 是根據網站根目錄中 <requirements.txt> 檔中所列的模組名稱及版本安裝模組，我們只要將目前虛擬環境中所有已安裝的模組名稱匯出即可。

在 **命令提示字元** 視窗啟動虛擬環境，執行下列命令匯出 <requirements.txt> 檔：

```
cd c:\herokuenv
Scripts\activate
pip freeze > requirements.txt
```

第 1 列切換到虛擬環境根目錄，第 2 列啟動虛擬環境，第 3 列將虛擬環境中已安裝的模組名稱匯出到 <requirements.txt> 文字檔。

此處 <requirements.txt> 檔的內容為：

```
certifi==2020.11.8
chardet==3.0.4
click==7.1.2
Flask==1.1.2
Flask-SQLAlchemy==2.4.4
future==0.18.2
gunicorn==20.0.4
idna==2.10
itsdangerous==1.1.0
Jinja2==2.11.2
line-bot-sdk==1.18.0
MarkupSafe==1.1.1
psycopg2==2.8.6
python-dateutil==2.8.1
requests==2.25.1
six==1.15.0
SQLAlchemy==1.3.22
urllib3==1.26.2
Werkzeug==1.0.1
```

建立 <Procfile>

專題根目錄中 <Procfile> 檔是告訴 Heroku 啟動專題的方式。在 <herokuenv> 資料夾新增一個 <Procfile> 檔案，輸入下列文字：

```
web: gunicorn linebotHotel:app
```

「web」是啟用網頁應用，「web: gunicorn linebotHotel:app」設定啟動時執行 <linebotHotel.py> 檔案中設定的 app 物件。

建立 <runtime.txt>

網站根目錄中 <runtime.txt> 檔是告訴 Heroku 使用的 Python 版本。如果不知道虛擬環境的 Python 版本，可在 **命令提示字元** 視窗執行下列命令取得：

```
python --version
```

在 <herokuenv> 資料夾新增一個 <runtime.txt> 檔案，輸入下列資訊設定版本：

```
python-3.7.9
```

虛擬環境的操作結束,使用 deactivate 指令可退出用 activate 啟動的虛擬環境:

提示字元前方無「(herokuenv)」,表示已退出 herokuenv 虛擬環境。

13.3.3 上傳專題到 Heroku

將部署到 Heroku 的檔案都準備齊全,Heroku 的設定也完成後,就可利用 Git 將檔案上傳到 Heroku 伺服器了!

1. 首先於 **命令提示字元** 視窗切換到 <C:\herokuenv> 資料夾,輸入下列指令:

```
heroku login
```

按 **Enter** 鍵後在網頁上登入 Heroku。

2. 接著在本機新建一個 Git 倉庫 (repository) 來存放專題檔案:

```
git init
```

3. 再將此 Git 倉庫與 Heroku 伺服器的 booking-linebot 應用程式建立連結:

```
heroku git:remote -a booking-linebot
```

4. 將專題所有檔案加入 Git 追縱:

```
git add .
```

5. 將所有追縱的檔案加入 Git 倉庫,並將此次執行動作命名為「init commit」:

```
git commit -m "init commit"
```

6. 如此就可以將檔索上傳到 Heroku 了:

```
git push heroku master
```

Heroku 會先根據 <requirements.txt> 安裝模組,接著會上傳 Git 倉庫中的檔案,一段時間後就完成專題部署。

13.3.4 測試部署的成果

請利用 HeroKu 部署好的應用程式網址,加上「/page」路徑來檢視靜態頁面是否正常,另外加上「/createdb」路徑來檢視,進行資料庫的新增。

接著請使用 LINE Bot 開發者網站的「線上旅館訂房管家」專題之中的 QR Code 加入好友,根據下方的圖文選單所列示的單元進行測試。

▍13.3.5 部署後修改專題內容

專題部署一段時間後，也許發現需要修正或新增一些功能，要如何修改 Heroku 伺服器的專題內容呢？ Heroku 使用 Git 做部署工具，因此只要在本機修改專題內容後更新 Git 倉庫，重新上傳檔案就可更新 Heroku 伺服器專題內容，同時 Git 會記錄每次更新所修改的內容。

以本章專題為例，重新部署 Heroku 伺服器內容的操作為：

1. 於 **命令提示字元** 視窗切換到 <C:\herokuenv> 資料夾，登入 Heroku 伺服器：

```
heroku login
```

2. 將所有檔案加入追縱：

```
git add .
```

3. 將檔案加入 Git 倉庫後並為這次更新加上記錄說明，例如「second modify」：

```
git commit -am "second modify"
```

4. 最後將檔案上傳到 Heroku 就完成專題內容更新：

```
git push heroku master
```

專題任何部分有變更時，只要重新部署就能同步伺服器的內容。

Python 與 LINE Bot 機器人全面實戰特訓班--Flask 最強應用

作　　　者：文淵閣工作室 編著　鄧文淵 總監製

企劃編輯：王建賀

文字編輯：詹祐甯

設計裝幀：張寶莉

發 行 人：廖文良

發 行 所：碁峰資訊股份有限公司

地　　　址：台北市南港區三重路 66 號 7 樓之 6

電　　　話：(02)2788-2408

傳　　　真：(02)8192-4433

網　　　站：www.gotop.com.tw

書　　　號：ACL061500

版　　　次：2021 年 02 月初版

　　　　　　2024 年 04 月初版五刷

建議售價：NT$550

國家圖書館出版品預行編目資料

Python 與 LINE Bot 機器人全面實戰特訓班：Flask 最強應用 /
文淵閣工作室編著. -- 初版. -- 臺北市：碁峰資訊, 2021.02
　　面；　　公分
　　ISBN 978-986-502-729-2(平裝)
　　1.Python(電腦程式語言)　2.人工智慧
312.32P97　　　　　　　　　　　　　　　　　110000561